中华人民共和国农业农村部科技专项研究报告
中国农业科学院智库报告

2017
全球农业科技论文与专利
竞争力分析

中国农业科学院科技管理局
中国农业科学院农业信息研究所 编著

中国农业科学技术出版社

图书在版编目（CIP）数据

2017全球农业科技论文与专利竞争力分析/中国农业科学院科技管理局，中国农业科学院农业信息研究所编著.— 北京：中国农业科学技术出版社，2018.11

ISBN 978-7-5116-3894-6

Ⅰ.①2… Ⅱ.①中… ②中… Ⅲ.①农业技术－技术发展－世界 Ⅳ.①S-1

中国版本图书馆CIP数据核字（2018）第216818号

责任编辑　史咏竹
责任校对　贾海霞

出 版 者	中国农业科学技术出版社
	北京市中关村南大街12号　邮编：100081
电　　话	（010）82105169（编辑室）（010）82109702（发行部）
	（010）82109709（读者服务部）
传　　真	（010）82106626
网　　址	http://www.castp.cn
发　　行	全国各地新华书店
印 刷 者	北京地大天成印务有限公司
开　　本	787 mm×1 092 mm　1/16
印　　张	11.25
字　　数	239千字
版　　次	2018年11月第1版　2018年11月第1次印刷
定　　价	78.00元

———◆版权所有·侵权必究◆———

《2017 全球农业科技论文与专利竞争力分析》编著委员会

指导顾问
 中华人民共和国农业农村部科技教育司　廖西元
 中国农业科学院　　　　　　　　　　　梅旭荣

组织策划
 中国农业科学院农业信息研究所　孙　坦　周国民　聂凤英
 中国农业科学院科技管理局　　　任天志　文　学　林克剑　王　琳
 中国农业科学院农业信息研究所　张学福　孙　巍

方法论、数据处理与分析、撰写及统稿
 中国农业科学院农业信息研究所　田儒雅　徐　倩　郝心宁　吴　蕾
 　　　　　　　　　　　　　　　樊景超　谢能付　李晓曼

项目资助
 中国农业科学院科技创新工程"农业知识组织与知识挖掘团队项目"（CAAS-ASTIP-2016-AII）
 中央级公益性科研院所基本科研业务费专项农业智库建设计划项目（Y2018ZK02）

《2017 全球农业科技论文与专利竞争力分析》
摘　要

随着中国农业科研投入的大幅增加，农业科技创新的质量和效益引起高度关注。计量分析中国农业的科技产出、科技合作、科技水平及影响力等情况，考察中国农业科技与国际先进国家的水平差距与不足，剖析中国农业科技的整体布局现状，一方面，有利于充分发挥中国农业科技的领域优势及科研能动性，提高农业科研人员的原始创新能力和集成创新能力，另一方面，有利于辅助中国科技管理部门制定合理的创新体系发展规划，以有限的资源来支持和推进中国农业科技创新工作。

本书重点基于论文数据和专利数据资源，利用情报研究的方法，对包括中国在内的22个先进农业国家的整体科技现状进行调研、概括与分析，揭示了中国总体科技创新水平在全球中的相对位置；并从基础研究和应用研究两大视角多个维度分别总结中国不同学科领域的科研发展状况、特点和趋势，综合分析考察中国农业科研整体布局的合理性，并在此基础上提出有利于中国科技创新发展的启示和建议，为有关部门在"十三五"期间开展农业科技研发布局、资源配置和创新管理等提供决策参考。

本书从SCI论文产出角度，对包括中国在内的全球22个国家的农业总体，以及15个具体农业学科领域的科研创新发展现状进行了分析总结，得出如下结论。

（1）2014—2016年，22个国家共发表论文280354篇，总被引频次1180305，CNCI（学科规范引文影响力）平均值1.11，其中高被引论文总量为2362篇，Q1期刊论文137983篇，国际合作论文112988篇。

（2）从科研生产力视角看，农业领域总发文量排名前5位的国家有美国、中国、英国、巴西和印度。中国发表农业领域论文49704篇，排名第二，优势研究领域主要分布在土壤学、生物技术和应用微生物学、食品科学与技术、农业工程、分析化学与应用化学和农业交叉学科。

（3）从科研影响力视角看，农业领域论文总被引频次排名前5位的国家有美国、中国、英国、德国和西班牙；中国发表农业领域论文的总被引频次218205，排名第二位，优势研究领域主要分布在土壤学、园艺学、生物学、食品科学与技术、农业工程、分析化学与应用化学和农业交叉学科领域。农业领域论文学科规范化的引文影响力排名前5位的国家有瑞士、丹麦、荷兰、英国和德国；中国发表农业领域论文的学科规范化引文影响力值1.06，论文影响力高于全球平均水平，优势研究领域体现在分析化学与应用化学、农业工程、食品科学与技术，以及兽医学。

（4）从科研发展力视角看，农业领域高被引论文总量排名前5位的国家有美国、中国、英国、德国和西班牙；中国高被引论文量排名第二（358篇），优势研究领域主要有食品科学与技术、农业工程、分析化学与应用化学、生物技术和应用微生物学，以及农艺学。农业领域Q1期刊论文总量排名前5位的国家有美国、中国、英国、西班牙和德国；中国Q1期刊论文量排名第二（22888篇），优势研究领域有农艺学、土壤学、园艺学、食品科学与技术、农业工程、分析化学与应用化学，以及农业交叉学科。

（5）从国际合作力视角看，农业领域国际合作论文总量排名前5位的国家有美国、英国、中国、德国和西班牙。中国发表国际合作论文量排名第三（12167篇），优势研究领域主要有农业工程、农艺学、土壤学、园艺学、食品科学与技术、分析化学与应用化学，以及农业交叉学科。

本书从专利分析角度，对全球22个重要国家的农业领域技术创新情况进行了全面分析，得出以下主要结论。

（1）专利技术产出方面，2014—2016年，中国、美国、日本、韩国、德国发明专利申请总量占据全球前5位，中国发明专利申请量占到22国总量的一半以上，是第二名美国的2.42倍，日本、韩国和德国分别位于第三、第四、第五位，申请量均在10000件以上。

（2）专利技术水平方面，韩国授权率高居榜首，专利质量较高，其次是荷兰、澳大利亚和西班牙，美国位居第五；美国高强度专利占比最高，其次是以色列，这两个国家的专利被引率也位居全球前两位，技术水平较强。

（3）技术发展潜力方面，中国近5年保持着发明专利申请逐年快速增长的势头，美国、日本自2015年开始呈现下降趋势，韩国和德国保持平稳。

（4）技术保护方面，美国、荷兰、法国、德国、意大利和日本作为技术来源国，技术输出国家分布更为广泛，并且域外申请量基本达到50%以上；日本、加拿大和澳大利亚平均IPC数量位居前三名，所涉及技术领域更为宽泛。

（5）技术优势比较方面，国家层面上，中国在园艺、害虫引诱剂和植物生长调节剂、饲料和肥料几个领域的技术相对优势在22个国家中排名第一。韩国在多个技术领域中也具有较强的相对优势，其他重要农业国家也具备各自在全球市场上具有较强竞争力的技术优势领域，并且强势竞争地位还将持续。机构层面上，美国、中国进入前50位的专利权人数量最多，分别为20家和16家机构，瑞士有4家，法国、德国各有3家进入全球前50位。机构分析结果表明，国际化企业和公司更具备较强的竞争力，并形成了与产业链密切相关的技术集群。中国机构虽然进入前 50 名的数量较多，但基本由科研机构和高校组成，相对技术优势较弱。

（6）中国是 2014—2016 年全球农业发明专利申请量最多的国家，但授权率仅为 13.2%，在 22 国中排名第九。中国发明人主要申请地区仍在本国，国外专利布局量相对较低。中国在农业领域的研究近 5 年保持着快速增长的势头，但技术水平竞争力在 22 国中相对靠后。中国在 20 个主要农业技术领域中均有专利申请，在其中 17 个 IPC 子类下申请量排名第一，并且在园艺、害虫引诱剂和植物生长调节剂、饲料和肥料几个领域的技术相对优势较强。中国有 16 家机构进入全球前 50 位重要专利权人排名，其中中国科学院排名第二，中国农业科学院排名第四，但相比较国际化的企业公司，中国科研机构和高校的技术相对优势较弱。

目 录

1 **主要数据来源与研究方法** ……………………………………………… 1
　1.1 论文数据来源与研究方法 ………………………………………… 1
　1.2 专利数据来源与研究方法 ………………………………………… 2

2 **全球农业科技论文竞争力分析** ………………………………………… 4
　2.1 总体论文竞争力分析 ……………………………………………… 4
　2.2 农艺学领域论文竞争力分析 ……………………………………… 26
　2.3 土壤学领域论文竞争力分析 ……………………………………… 33
　2.4 园艺学领域论文竞争力分析 ……………………………………… 41
　2.5 兽医学领域论文竞争力分析 ……………………………………… 48
　2.6 农业、乳品和动物科学领域论文竞争力分析 …………………… 55
　2.7 渔业学领域论文竞争力分析 ……………………………………… 63
　2.8 林业学领域论文竞争力分析 ……………………………………… 71
　2.9 基因和遗传学领域论文竞争力分析 ……………………………… 78
　2.10 生物学领域论文竞争力分析 …………………………………… 85
　2.11 生物技术与应用微生物学领域论文竞争力分析 ……………… 93
　2.12 食品科学和技术领域论文竞争力分析 ………………………… 100
　2.13 农业工程领域论文竞争力分析 ………………………………… 107
　2.14 分析化学与应用化学领域论文竞争力分析 …………………… 114
　2.15 农业交叉学科领域论文竞争力分析 …………………………… 122
　2.16 农业经济和政策学领域论文竞争力分析 ……………………… 130

3 **全球农业专利竞争力分析** ……………………………………………… 137
　3.1 技术产出竞争力 …………………………………………………… 137
　3.2 技术水平竞争力 …………………………………………………… 137
　3.3 技术发展潜力竞争力 ……………………………………………… 141

3.4　技术保护竞争力 …………………………………………………… 142
　　3.5　相对技术优势 ……………………………………………………… 145

4　结论与建议 …………………………………………………………… **153**
　　4.1　主要结论 …………………………………………………………… 153
　　4.2　相关建议 …………………………………………………………… 155

附录 1　领域映射对照表 ………………………………………………… **158**
附录 2　代表性机构名称中外文对照表 ………………………………… **161**
附录 3　全球重要专利权人专利申请量 ………………………………… **166**

1 主要数据来源与研究方法

1.1 论文数据来源与研究方法

本研究的分析内容主要包括两部分：全球国家农业科研总体竞争力分析和农业各领域国家科研竞争力分析。分析数据基于 *Web of Science*™ 核心合集收录的 2014—2016 年的 SCI 论文数据，检索时间为 2017 年 9 月。

综合考虑各国在农业领域的发文情况，结合专家咨询意见，选取了中国、美国、德国、印度、英国、澳大利亚、巴西、西班牙、意大利、日本、法国、韩国、加拿大、波兰、荷兰、比利时、墨西哥、丹麦、瑞士、瑞典、挪威和以色列 22 个国家作为主要国别分析对象。

结合 *Web of Science*™ 学科分类和专家知识，确定了 15 个重点农业子领域作为本报告的学科分析对象，具体包括农艺学、土壤学、园艺学、兽医学、农业乳品和动物科学、渔业学、林业学、基因与遗传学、生物学、生物技术和应用微生物学、食品科学与技术、农业工程、分析化学与应用化学、农业交叉学科，以及农业经济和政策学。通过与 GB/T 13745—2009《中华人民共和国学科分类与代码国家标准》进行映射对比（详见附录 1），本研究根据 *Web of Science*™ 分类选取的 15 个领域能够覆盖其中的农业科学类以及部分与农业相关的其他门类下的学科，具有完整性；另外，本研究选取的领域描述了与农业相关的多个学科研究内容，具有准确性。

本研究以定量分析方法为主，采用学科规范化引文影响力（CNCI）、Journal Citation Reports（简称 JCR）、ESI 等文献计量分析指标，从多维度多范畴（农业及农业子学科）开展全球农业科研竞争分析研究，同时使用了 InCites、Ucinet 和 Derwent Data Analyzer

（DDA）等分析数据库和分析工具。分析评价体系见表 1-1-1。涉及的具体评估指标含义如表 1-1-2。

表 1-1-1 国家农业科研竞争力分析评价体系

研究项目	分析维度	评价内容
科研生产力	总发文量	国家农业科研成果累积情况
	论文各年增长率	国家农业科研发展潜力
	发文量学科分布	国家农业科研活跃领域
科研影响力	总被引频次	国家农业科研成果被引用情况
	学科规范化的引文影响力	国家农业科研成果被引表现与全球平均水平对比
科研发展力	高被引论文总量	国家高水平论文成果产出情况
	Q1 期刊中的论文总量	国家高级别杂志发文情况
国际合作力	合作论文总量	国家农业国际合作发文量情况
	合作论文各年增长率	国家农业国际合作发展潜力
	合作国家分布	国家农业科研国际合作国家分布情况

表 1-1-2 论文评估指标定义

指　　标	含　　义
总发文量	一段时间内被 *Web of Science*™ 核心合集数据库（SCIE）收录的论文数量
总被引频次	在一段时间内被 SCIE 收录论文所引用的次数
学科规范化的引文影响力（CNCI）	一组论文按学科、出版年和文献类型统计的规范化的引文影响力，是排除了出版年、学科领域与文献类型作用的无偏影响力（论文篇均引文数）
高被引论文	ESI 数据库将近 10 年被引频次排在前 1% 的论文界定为高被引论文
Q1 期刊论文	论文所在期刊的影响因子位于一个学科领域内所有期刊影响因子序列的前 25%
国际合作论文	包含一位或多位国际共同作者的论文

1.2 专利数据来源与研究方法

本研究数据来源于 *Innography* 和 *Derwent Innovation* 专利数据库及分析系统。数据检索日期为 2017 年 10 月。以农业领域国际专利分类（International Patent Classification，

IPC）[①]为检索条件，对 2014—2016 年全球 22 个重要农业国家的农业专利数据进行采集。考虑到发明专利申请的新颖性、创造性和实用性审查严于实用新型专利和外观设计专利，本研究的分析基于发明专利开展。

报告从国家的专利技术产出竞争力、技术水平竞争力、技术发展潜力竞争力、技术保护竞争力和技术优势比较竞争力这 5 个维度展开分析，以期全面展现和综合比较全球重要农业国家的农业科技发展水平。评价指标体系见表 1-2-1。

表 1-2-1 评价指标体系

一级指标	二级指标	评价意义
技术产出竞争力	发明专利申请总量	评价目标国在特定时间内技术产出能力在全球中的位置排名
技术水平竞争力	授权且有效发明专利	评价目标国的发明专利相对质量在全球中的位置排名
	发明专利授权率	
	专利强度	
	平均被引频次	
技术发展竞争力	近 5 年发明专利申请趋势	评价目标国技术发展活跃程度和发展潜力
技术保护竞争力	海外布局	评价目标国对技术的保护范围和保护程度
	专利家族规模	
	专利技术宽度	
技术优势比较	目标国技术优势比较	对目标国和目标机构的技术研发重点和技术优势领域进行比较
	目标机构技术优势比较	

[①] 国际专利分类：也称 IPC 分类。是根据 1971 年签订的《国际专利分类斯特拉斯堡协定》编制的，是目前国际通用的专利文献分类和检索工具。

全球农业科技论文竞争力分析

2.1 总体论文竞争力分析

2.1.1 科研生产力

（1）总发文量

将 22 个国家 2014—2016 年所有农业类论文的总发文量进行统计。

2014—2016 年，22 国农业类论文发文总量为 280354 篇，各国发文量统计排名如图 2-1-1 所示。可以看出，22 个国家中，美国农业类论文发文量排名第一，科研生产力高居榜首；中国的农业类论文发文量排名第二，科研生产力优势显著；英国排名第三；巴西和印度分列第四、第五位。

（2）发文量年度分布与变化

将总发文量排名前 5 位的国家的农业类论文发文量按发表年代依次进行统计，对比分析我国与其他 4 个国家的发文量发展趋势。

如图 2-1-2 所示，2014—2016 年，我国各年发文量分别为 15136 篇、16830 篇和 17738 篇，呈逐年上涨趋势；印度的各年发文量有增有减，其他国家每年发文量均呈逐年上涨趋势。

依据论文发文量年度增长率指标，对上述 5 国的农业类论文发文量年度增长率进行统计，进一步比对分析我国和其他国家的农业类论文发文量的增长趋势（图 2-1-3）。

2 全球农业科技论文竞争力分析

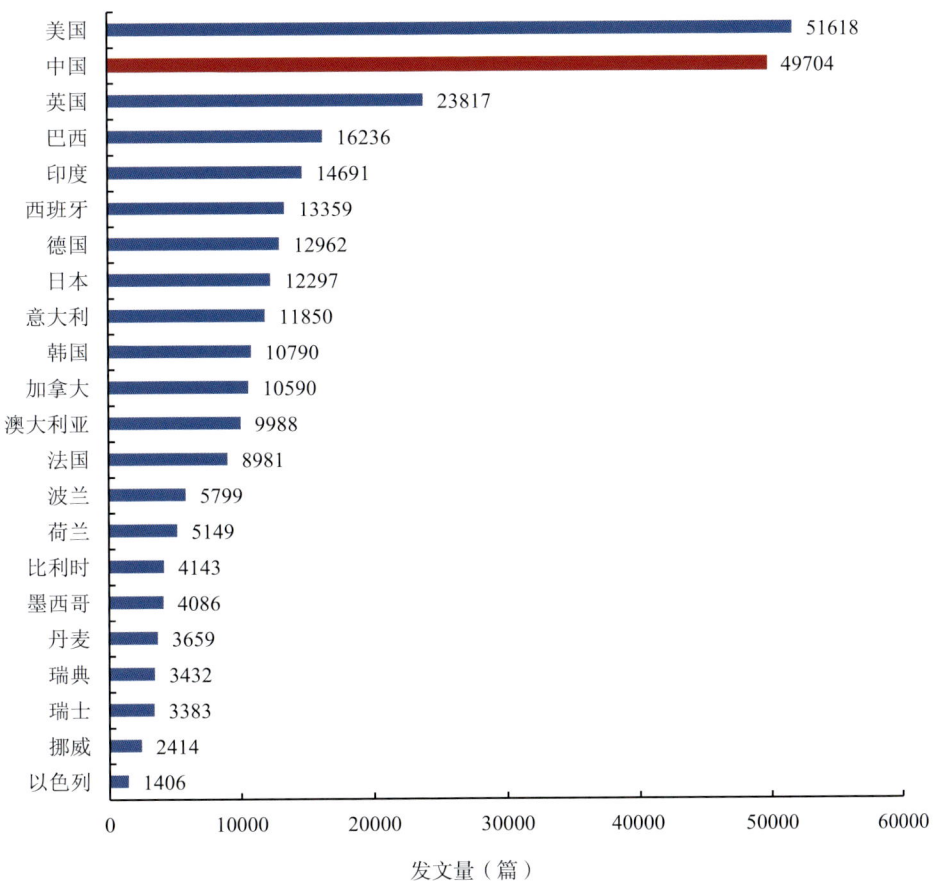

图 2-1-1　2014—2016 年农业类论文总发文量国别分布

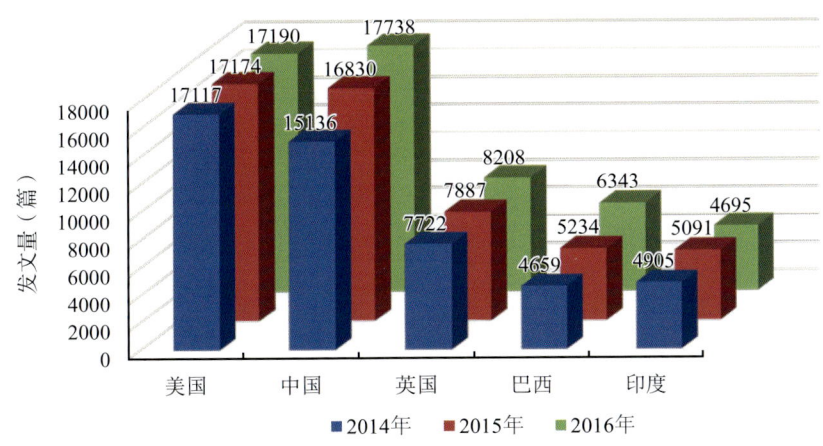

图 2-1-2　总发文量排名前 5 位的国家的论文发文量年代分布

如图 2-1-3 所示，我国各年度发文量较前一年均有所上涨，其中 2015 年涨幅最高，发文量增长率为 11.19%；巴西各年度发文量也较前一年均有所上涨，其他 3 个国家各年度发文量均有增有减。

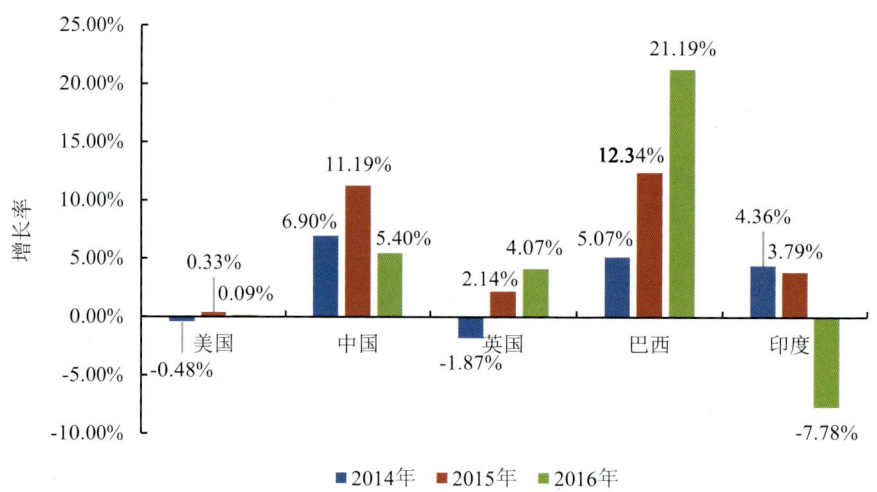

图 2-1-3　总发文量排名前 5 位国家的各年论文增长率

（3）发文量学科分布

对 22 个国家的农业各学科的发文量依次进行统计，形成国别—领域发文量矩阵图（图 2-1-4），以此来分析我国各农业学科总发文量的全球排位。我国论文发表总量最高的 3 个学科分别是生物技术和应用微生物学、食品科学与技术，以及农艺学，论文发表量分别为 20563 篇、13229 篇和 4093 篇。我国发文量排名居前 10 位的领域有农艺学（第二）、土壤学（第一）、园艺学（第二）、兽医学（第三）、农业乳品和动物科学（第二）、渔业学（第二）、林业学（第二）、基因与遗传学（第二）、生物学（第二）、生物技术和应用微生物学（第一）、食品科学与技术（第一）、农业工程（第一）、分析化学与应用化学（第一）、农业交叉学科（第一）和农业经济和政策学（第三）。

综上所述，从论文发表总量看，我国农业的优势研究领域主要有土壤学、生物技术和应用微生物学、食品科学与技术、农业工程、分析化学与应用化学和农业交叉学科。

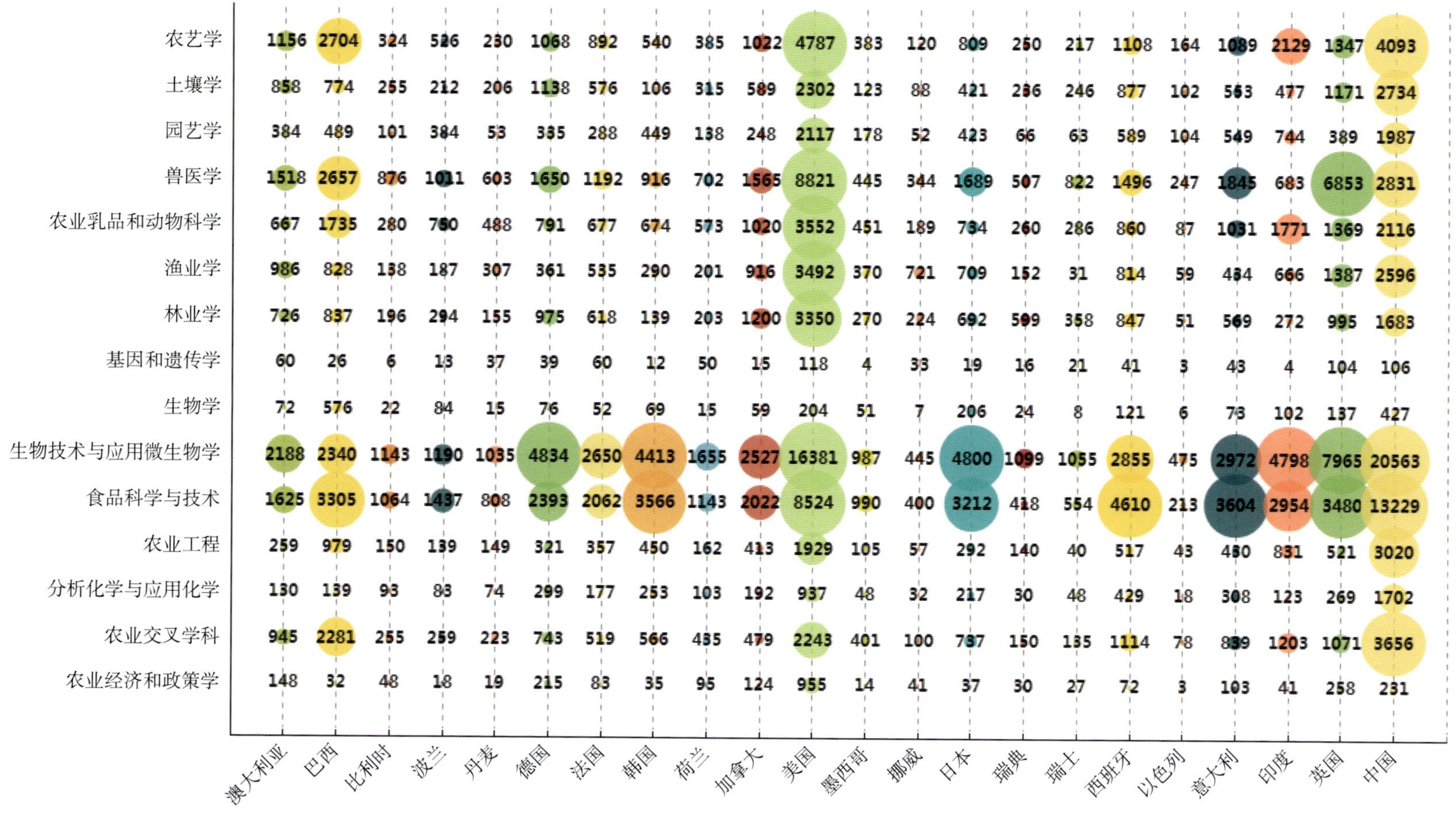

图 2-1-4　2014—2016 年 22 国总发文量学科分布（单位：篇）

2.1.2 科研影响力

本研究使用总被引频次和学科规范化引文影响力指标来综合分析国家农业领域的总体科研影响力。

（1）总被引频次

将 22 个国家 2014—2016 年所有农业类论文的总被引频次进行统计（图 2-1-5）。

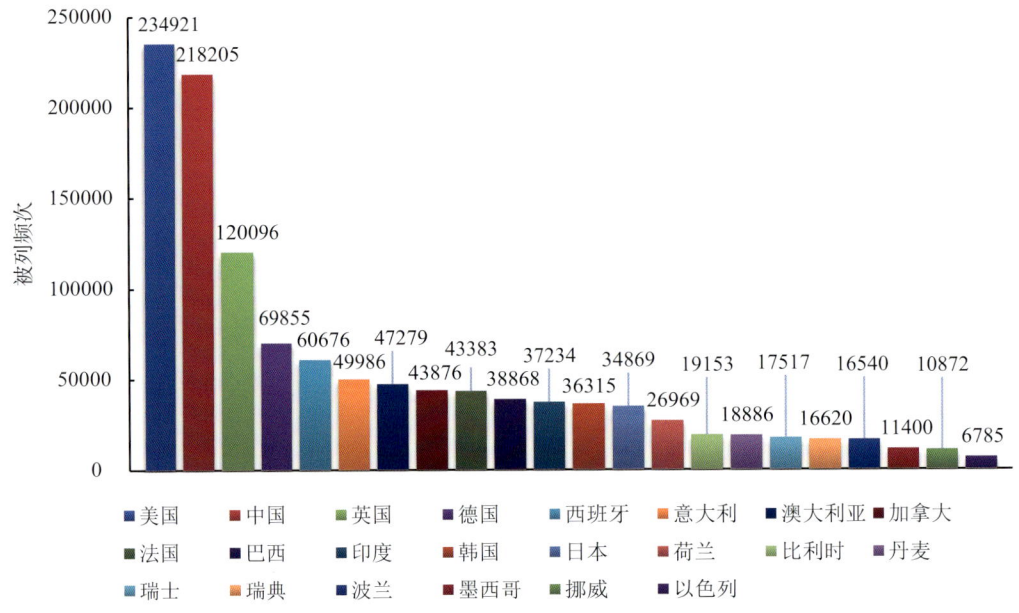

图 2-1-5　2014—2016 年 22 国农业类论文总被引频次统计

2014—2016 年，22 国农业类论文总被引频次为 1180305，各国的论文总被频次统计排名结果如图 2-1-5 所示，由此可以看出，22 个国家中，美国的论文总被引频次排名第一；中国位列第二，仅次于美国，远超排名第三的英国；德国和西班牙排在第四至第五位。

（2）总被引频次学科分布

对 22 个国家的农业各学科论文的总被引频次依次进行统计，形成国别—领域总被引频次矩阵图（图 2-1-6），我国论文总被引频次最高的 3 个学科分别是生物技术和应用微生物学、食品科学与技术以及农业工程，论文总被引频次分别为 117895、62548 和 23596。我国总被引频次排名前 10 的领域有农艺学（第二）、土壤学（第一）、园艺学（第一）、兽医学（第三）、农业乳品和动物科学（第二）、渔业学（第二）、林业学（第二）、

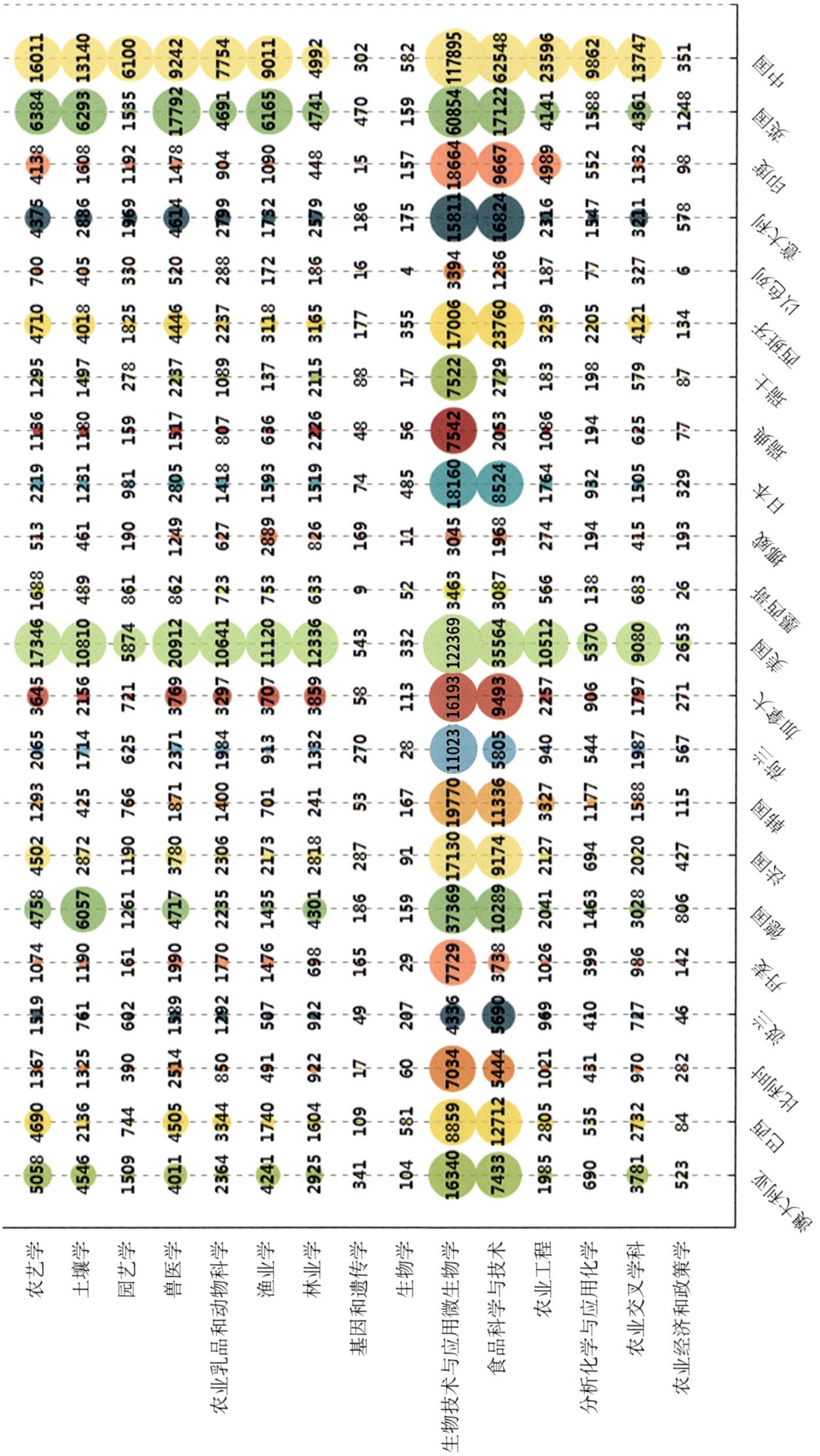

2 全球农业科技论文竞争力分析

图 2-1-6 2014—2016 年 22 国农业类论文总被引频次学科分布（单位：篇）

基因与遗传学（第四）、生物学（第一）、生物技术和应用微生物学（第二）、食品科学与技术（第一）、农业工程（第一）、分析化学与应用化学（第一）、农业交叉学科（第一）和农业经济和政策学（第八）。

综上所述，从论文总被引频次指标看，我国的优势研究领域有土壤学、园艺学、生物学、食品科学与技术、农业工程、分析化学与应用化学和农业交叉学科。

总体来看，我国各学科领域论文的总被引频次排名较论文量靠前，这说明我国各学科领域论文的影响力较高。

（3）学科规范化的引文影响力

学科规范化的引文影响力（CNCI）是排除了出版年、学科领域与文献类型作用的无偏影响力指标，可以用它进行不同规模、不同学科的论文集的比较。如果 CNCI 的值为 1，则说明该组（机构、国家、个人等）论文的被引表现与全球平均水平相当；CNCI 值大于 1，表明该组论文的被引表现高于全球平均水平；小于 1，则低于全球平均水平。将 2014—2016 年 22 国的 CNCI 值进行统计（图 2-1-7）。

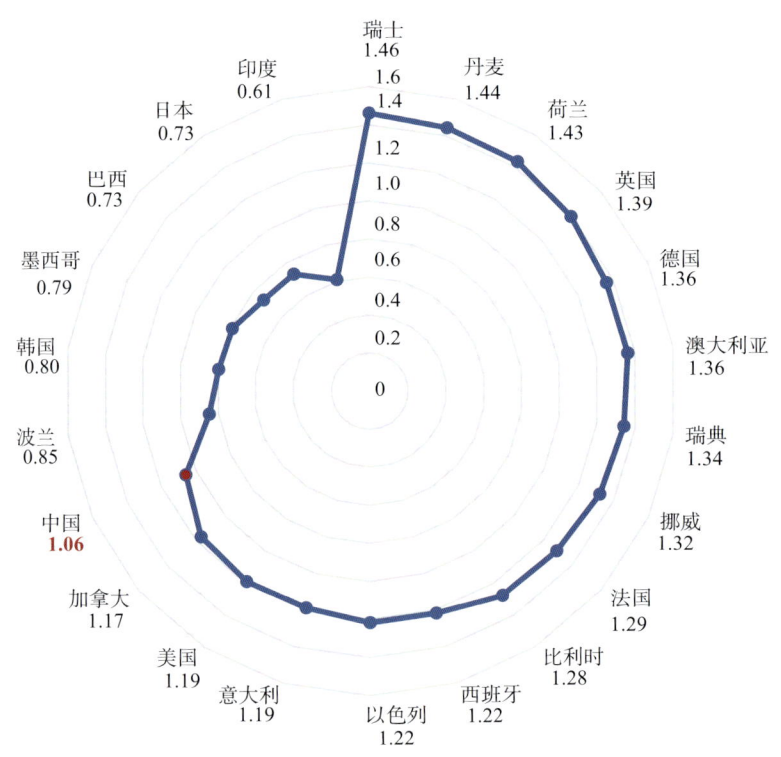

图 2-1-7　2014—2016 年 22 国农业类论文学科规范化的引文影响力

2014—2016 年，22 国学科规范化的引文影响力统计排名如图 2-1-7 所示。学科规范化引文影响力瑞士排名第一，丹麦第二，中国排名第十六。与论文总量和被引频次相比，

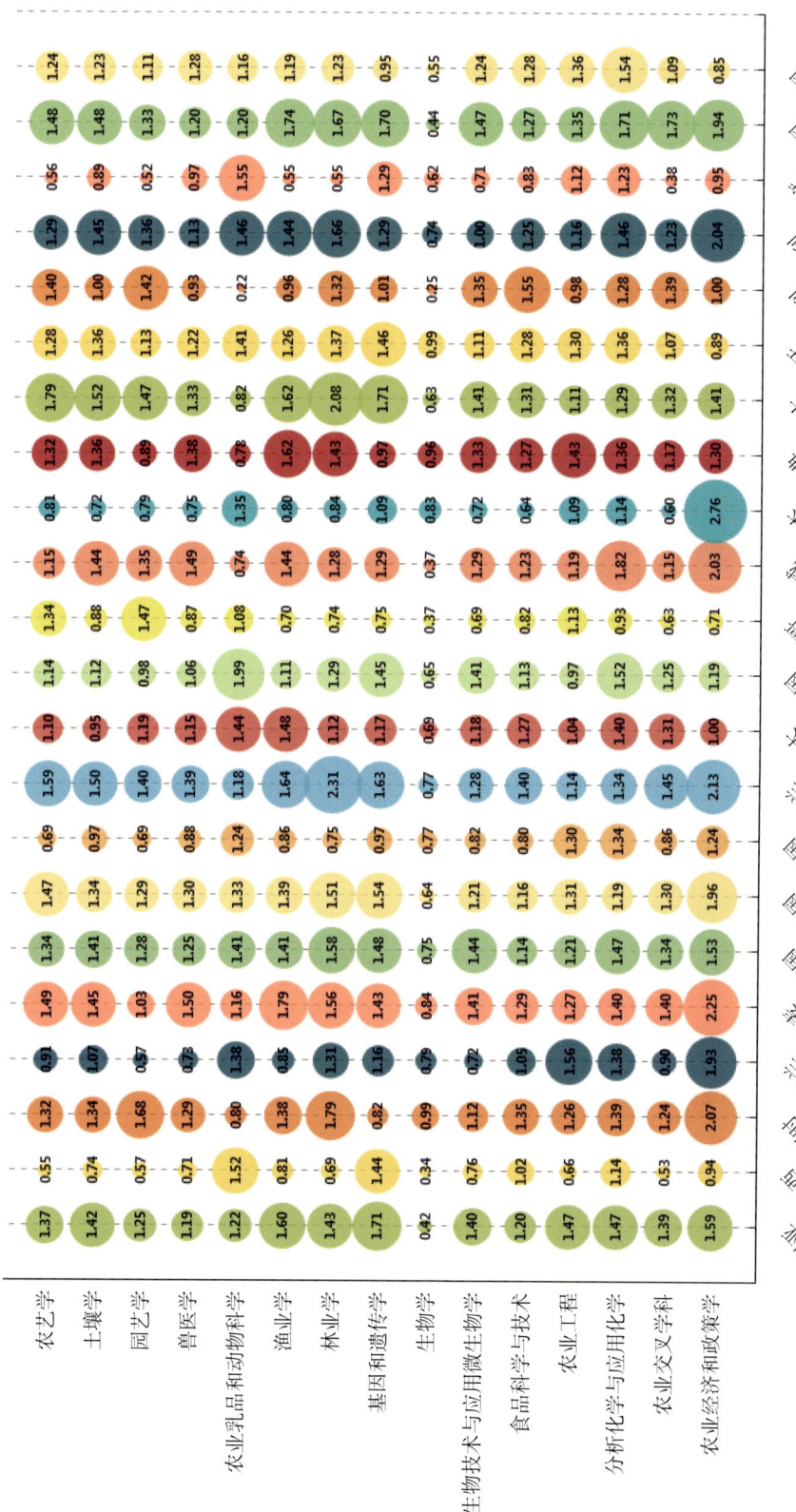

图 2-1-8 2014—2016 年 22 国农业类论文学科规范化的引文影响力学科分布

中国在学科规范化的引文影响力指标的排名靠后，但其值大于1，表明中国农业论文的被引表现高于全球平均水平。

（4）学科规范化的引文影响力学科分布

对22个国家的农业各学科论文的学科规范化的引文影响力依次进行统计，形成国别—领域学科规范化的引文影响力矩阵图（图2-1-8），我国论文学科规范化的引文影响力最高的4个学科分别是分析化学与应用化学、农业工程、食品科学与技术、兽医学，论文学科规范化的引文影响力分别为1.54、1.36、1.28和1.28。我国论文学科规范化的引文影响力排名前10的领域有兽医学（第八）、食品科学与技术（第七）、农业工程（第四）、分析化学与应用化学（第三）；排名前20的领域有农艺学（第十四）、土壤学（第十三）、园艺学（第十四）、农业乳品和动物科学（第十五）、渔业学（第十四）、林业学（第十六）、基因与遗传学（第二十）、生物学（第十六）、生物技术和应用微生物学（第十一）和农业交叉学科（第十五）；农业经济和政策学排名二十一。

综上所述，从论文学科规范化的引文影响力指标看，我国的优势研究领域有分析化学与应用化学、农业工程、食品科学与技术和兽医学。

2.1.3 科研发展力

本报告结合高被引论文总量和Q1期刊中的论文总量两个指标来综合分析国家农业领域总体的科研发展力。

（1）高被引论文总量

将2014—2016年22国的高被引论文总量进行统计排名，得到图2-1-9。

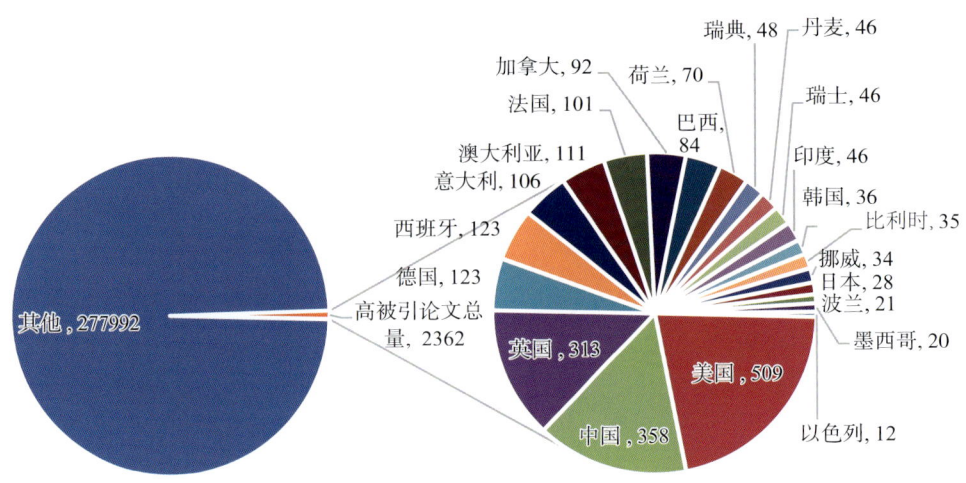

图2-1-9　2014—2016年22国农业类论文中高被引论文总量国别分布

2 全球农业科技论文竞争力分析

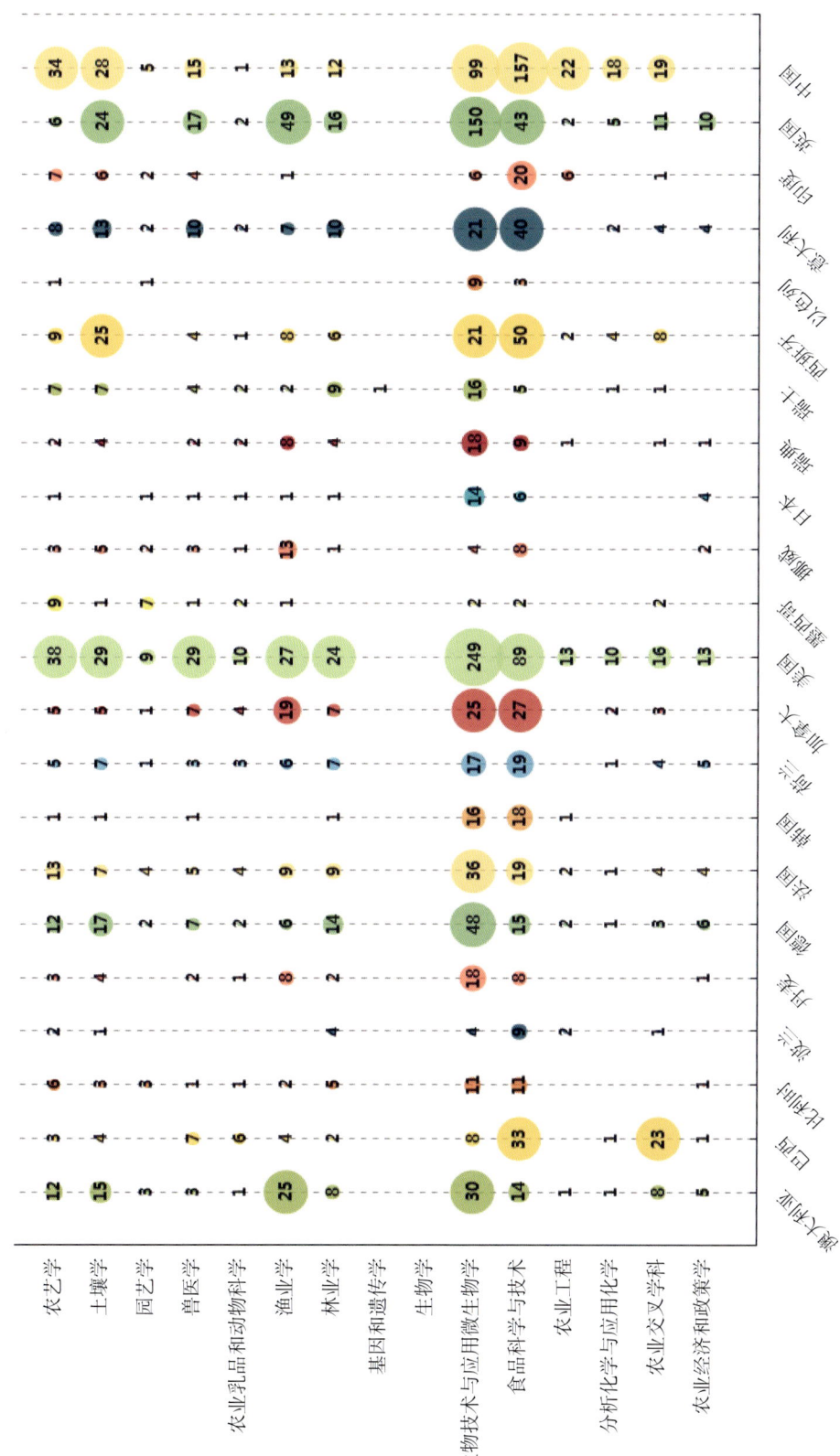

图 2-1-10　2014—2016 年 22 国农业类论文高被引论文总量学科分布（单位：篇）

从图 2-1-9 可以看出，2014—2016 年，22 国在农业领域共有高被引论文 2362 篇，其中美国的高被引论文总量排名第一，有 509 篇。中国排名第二，有 358 篇。英国、德国、西班牙分别位于第三、第四、第五位。

（2）高被引论文总量学科分布

对 22 个国家的农业各学科的高被引论文总量依次进行统计，形成国别—领域高被引论文总量矩阵图（图 2-1-10），以此来分析我国各农业学科高被引论文总量的全球排位。我国高被引论文总量最高的 3 个学科分别是食品科学与技术、生物技术和应用微生物学，以及农艺学，高被引论文总量分别为 157 篇、99 篇和 34 篇。我国高被引论文总量排名前 10 位的领域有农艺学（第二）、土壤学（第二）、园艺学（第三）、兽医学（第三）、渔业学（第五）、林业学（第四）、生物技术与应用微生物学（第三）、食品科学与技术（第一）、农业工程（第一）、分析化学与应用化学（第一）和农业交叉学科（第二）。排名前 20 的领域有农业乳品和动物科学（第十二）。

综上所述，从高被引论文总量看，我国农业的优势研究领域主要有食品科学与技术、农业工程、分析化学与应用化学、生物技术和应用微生物学，以及农艺学。

（3）Q1 期刊中的论文总量

将一个学科领域内所有期刊影响因子大小顺序排列后，将所有期刊分成 4 等份，从而形成 4 个区间并分别标记为 Q1、Q2、Q3 和 Q4；Q1 期刊即影响因子最高的 25% 的期刊。将 2014—2016 年 22 国 Q1 期刊中的总发文量进行统计排名，得到图 2-1-11。

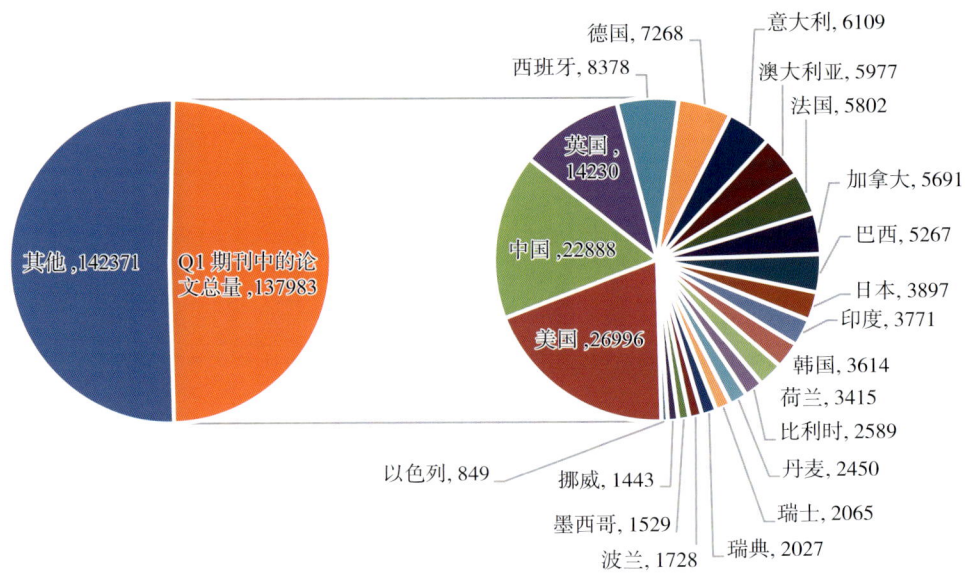

图 2-1-11　2014—2016 年 22 国农业类论文中 Q1 期刊论文量国别分布（单位：篇）

从图中可以看出，2014—2016 年，22 个国家在农业领域共发表 Q1 期刊论文 137983 篇，其中美国排名第一，有 26996 篇，中国排名第二，有 22888 篇。英国、西班牙、德国分列第三、第四、第五位。

将排名前 5 位国家的 Q1 期刊中的论文量按年代进行统计，对比我国和其他国家的发展趋势（图 2-1-12）。

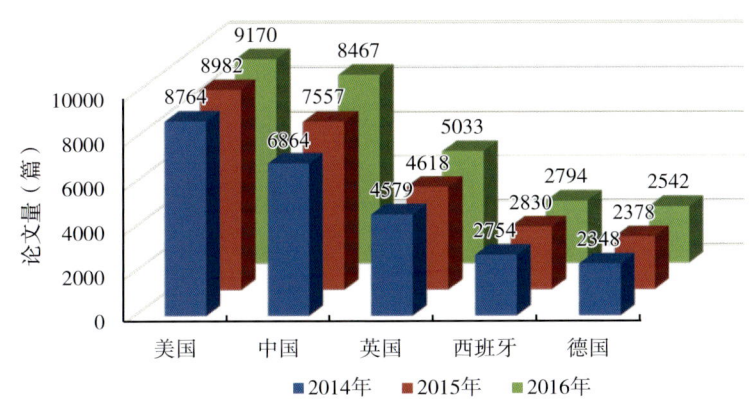

图 2-1-12　排名前 5 位国家的 Q1 期刊中的论文量年代分布

我国 2014—2016 年每年 Q1 期刊中的论文量分别为 6864 篇、7557 篇和 8467 篇，呈逐年上升趋势，说明我国农业论文的质量不断提高。Q1 期刊中的论文总量排名第一的美国 2014—2016 年的 Q1 期刊论文量也呈上升趋势，在该指标排名中持续领先（图 2-1-12）。

（4）Q1 期刊中的论文总量学科分布

对 22 个国家的农业各学科的 Q1 期刊中的论文量依次进行统计，形成国别—领域 Q1 期刊中的论文量矩阵图（图 2-1-13），以此来分析我国各农业学科 Q1 期刊中的论文量的全球排位。我国 Q1 期刊中的论文量最高的 3 个学科分别是生物技术和应用微生物学、食品科学与技术，以及农艺学，Q1 期刊中的论文量分别为 8291 篇、6817 篇和 2579 篇。我国 Q1 期刊中的论文量在所有领域均进入排名前 10 位，具体排名分别是农艺学（第一）、土壤学（第一）、园艺学（第一）、兽医学（第三）、农业乳品和动物科学（第二）、渔业学（第二）、林业学（第二）、基因和遗传学（第二）、生物学（第二）、生物技术和应用微生物学（第二）、食品科学与技术（第一）、农业工程（第一）、分析化学与应用化学（第一）和农业交叉学科（第一），以及农业经济和政策学（第八）。

综上所述，我国在 Q1 期刊论文量指标方面表现非常突出，除在农业经济和政策学领域排名第八外，其他领域均处于排名前三，其中农艺学、土壤学、园艺学、食品科学与技术、农业工程、分析化学与应用化学，以及农业交叉学科均排名领域第一，为我国在 Q1

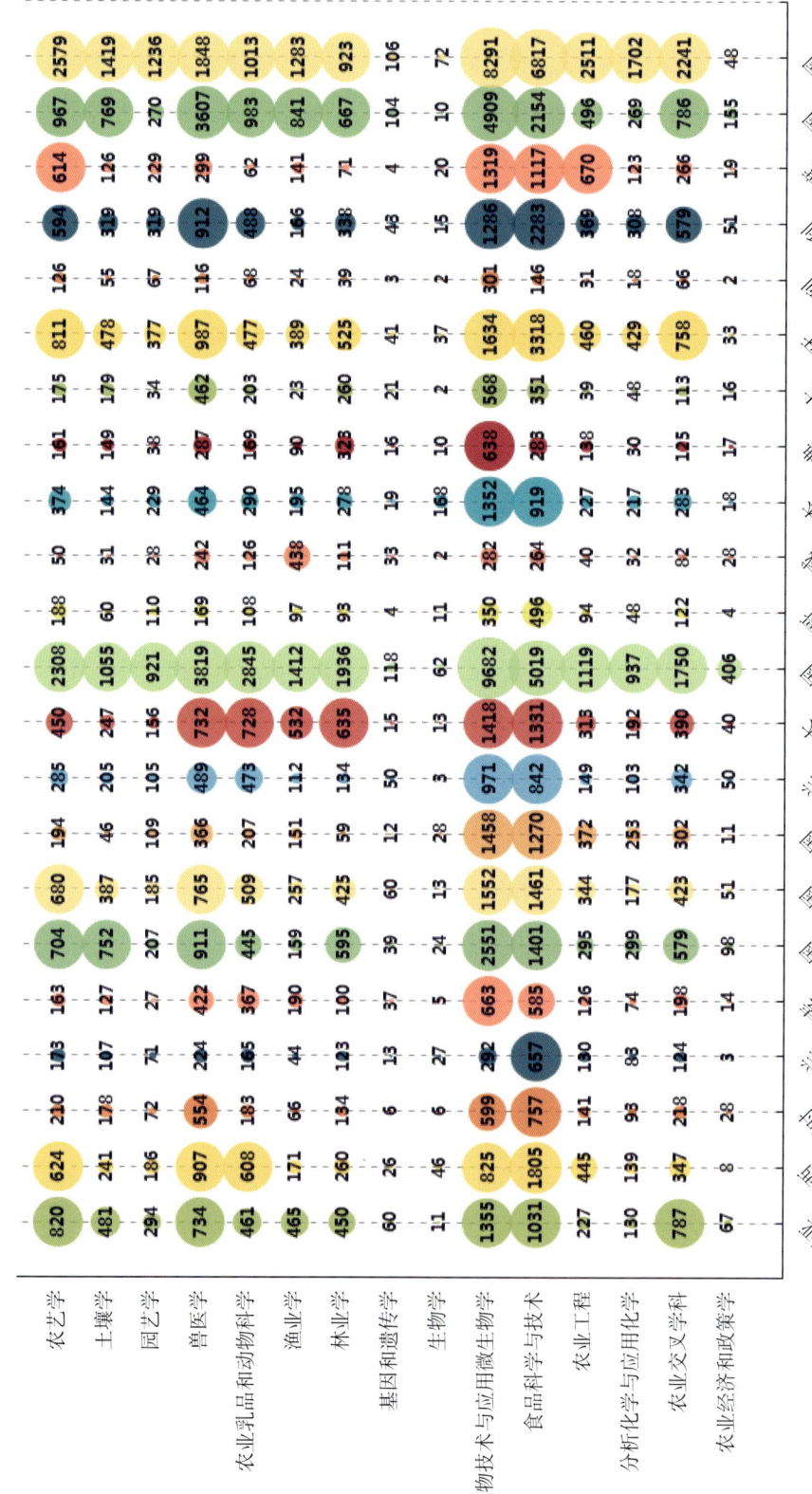

图 2-1-13 2014—2016 年 22 国农业类论文 Q1 期刊中的论文量学科分布（单位：篇）

期刊论文量指标表现上的农业优势研究领域。

2.1.4 国际合作力

（1）国际合作论文总量

统计 2014—2016 年 22 国的国际合作论文总量，排名如图 2-1-14 所示。

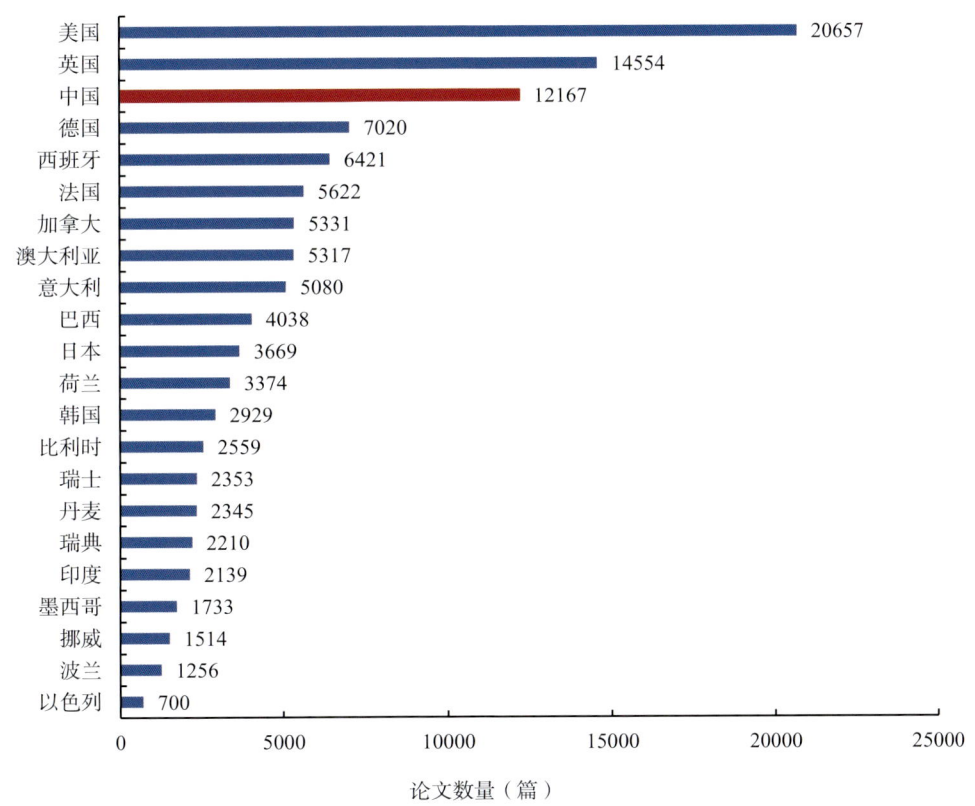

图 2-1-14　2014—2016 年 22 国农业类国际合作论文总量国别分布

从统计结果看，国际合作论文总量美国排名第一，英国排名第二，中国第三。德国和西班牙分列第四、第五位。

（2）国际合作论文量年度分布与变化

将排名前 5 位国家的国际合作论文量按年代进行统计分析（图 2-1-15）。我国 2014 年、2015 年和 2016 年每年国际合作论文量分别为 3610 篇、4139 篇和 4418 篇，呈上升趋势。其他国家的逐年国际合作论文量也均呈上升趋势，说明各国均较为重视国际合作研究。

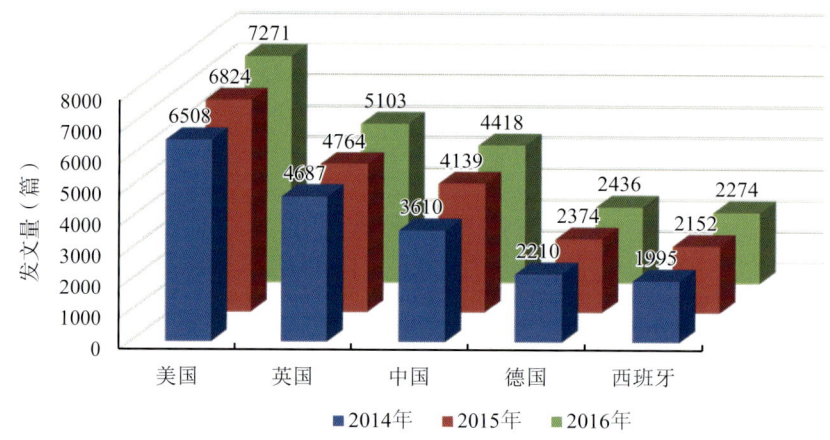

图 2-1-15　国际合作论文发文量排名前 5 位国家的国际合作论文发文量年代分布

将 2014—2016 年排名前 5 位国家的农业类国际合作论文数量年增长率进行统计分析（图 2-1-16）。2014 年、2015 年和 2016 年我国发表的国际合作论文量均较前一年有所上涨，尤其 2015 年我国的国际合作论文量涨幅最为明显，较前一年增加了 14.65%。美国 2014—2016 年发表的国际合作论文量均较前一年有所上涨，且涨幅不断提高。其他国家每年发表的国际合作论文量也均较前一年有所上涨，只是涨幅有高有低。

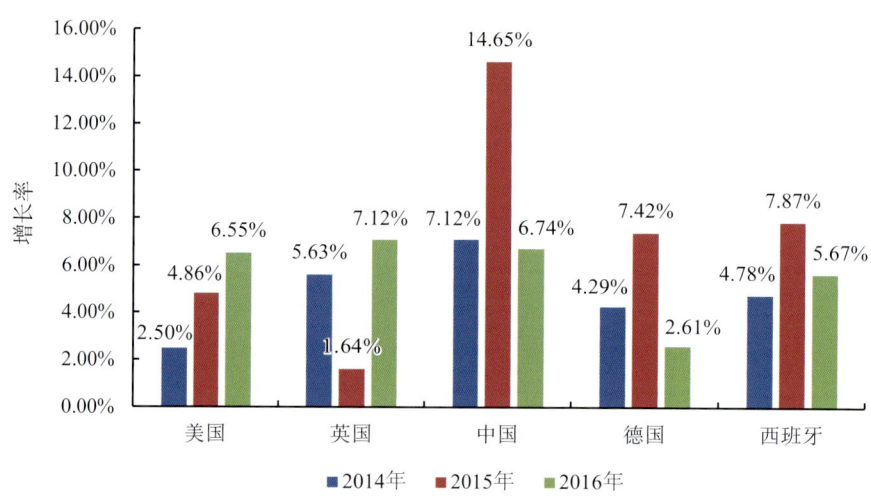

图 2-1-16　国际合作论文量排名前 5 位国家的各年国际合作论文增长率

（3）国际合作国家分布

由 2014—2016 年 22 国国际合作情况可知，各国与美国的合作最多，其次是英国和中国（图 2-1-17）。

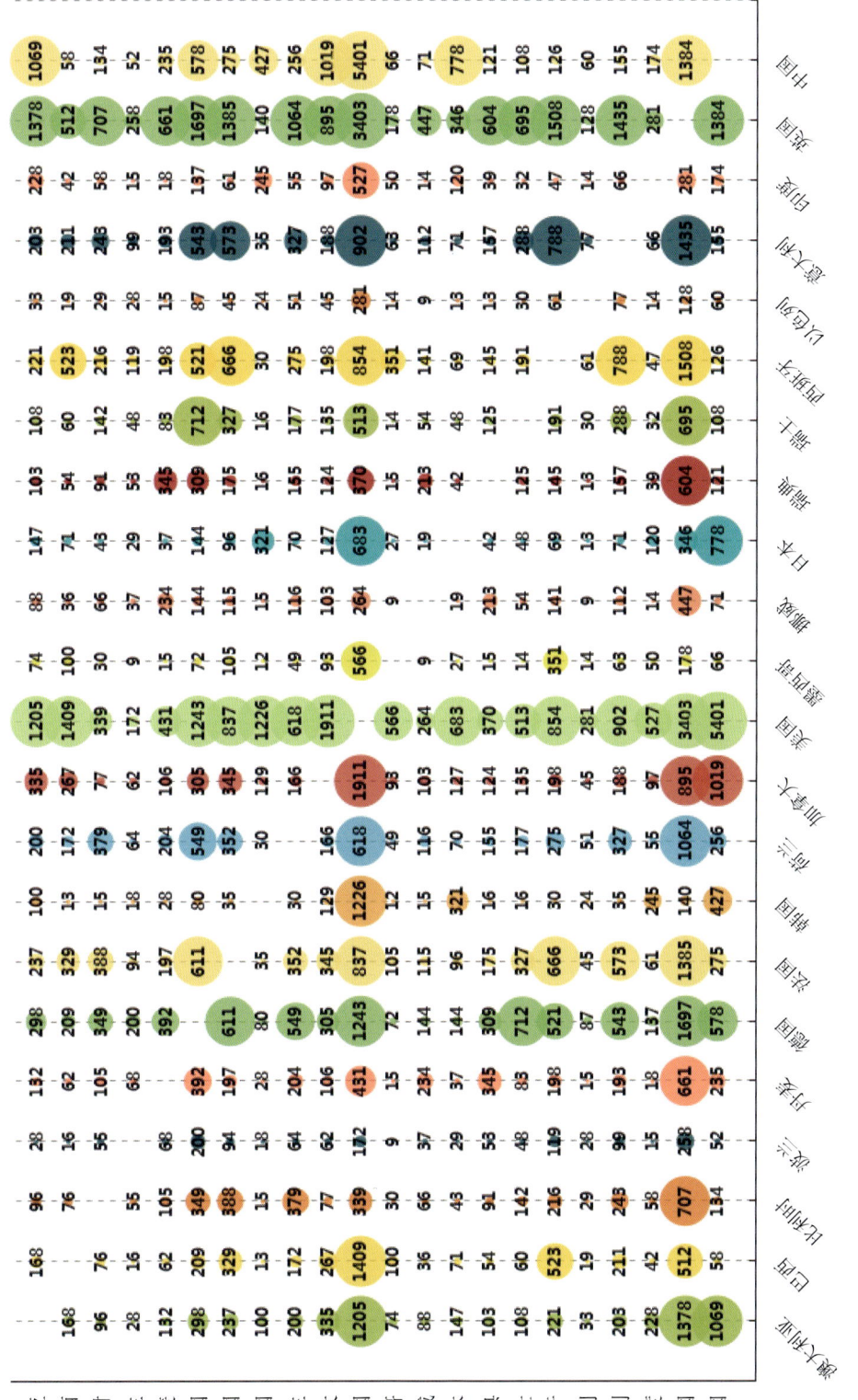

图 2-1-17 22 国国际合作情况（单位：篇）

将与我国进行国际合作的国家分布进行统计。由图 2-1-18 可见，与我国进行农业科研合作最多的是美国，其次是英国、澳大利亚、加拿大和日本等。

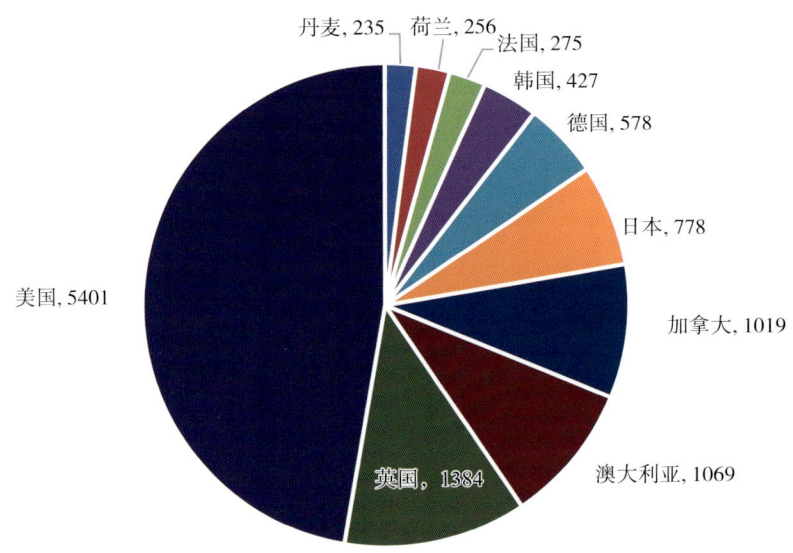

图 2-1-18　与中国合作论文量排名前 10 的国家及论文量（单位：篇）

（4）国际合作论文总量学科分布

对 22 个国家的农业各学科的国际合作论文总量依次进行统计，形成国别—领域国际合作论文总量矩阵图（图 2-1-19），以此来分析我国各农业学科国际合作论文总量的全球排位。我国国际合作论文总量最高的 3 个学科分别是生物技术和应用微生物学、食品科学与技术，以及农艺学，国际合作论文总量分别为 4631 篇、2895 篇和 1374 篇。我国国际合作论文总量排名前 10 位的领域有农艺学（第二）、土壤学（第二）、园艺学（第二）、农业乳品和动物科学（第五）、渔业学（第七）、林业学（第三）、生物学（第四）、生物技术和应用微生物学（第三）、食品科学与技术（第二）、农业工程（第一）、分析化学与应用化学（第二）、农业交叉学科（第二），以及农业经济和政策学（第三）。排名前 20 位的领域有兽医学（第十二）以及基因和遗传学（第十一）。

综上所述，从国际合作论文总量看，我国农业的优势研究领域主要有农业工程、农艺学、土壤学、园艺学、食品科学与技术、分析化学与应用化学，以及农业交叉学科。

2 全球农业科技论文竞争力分析

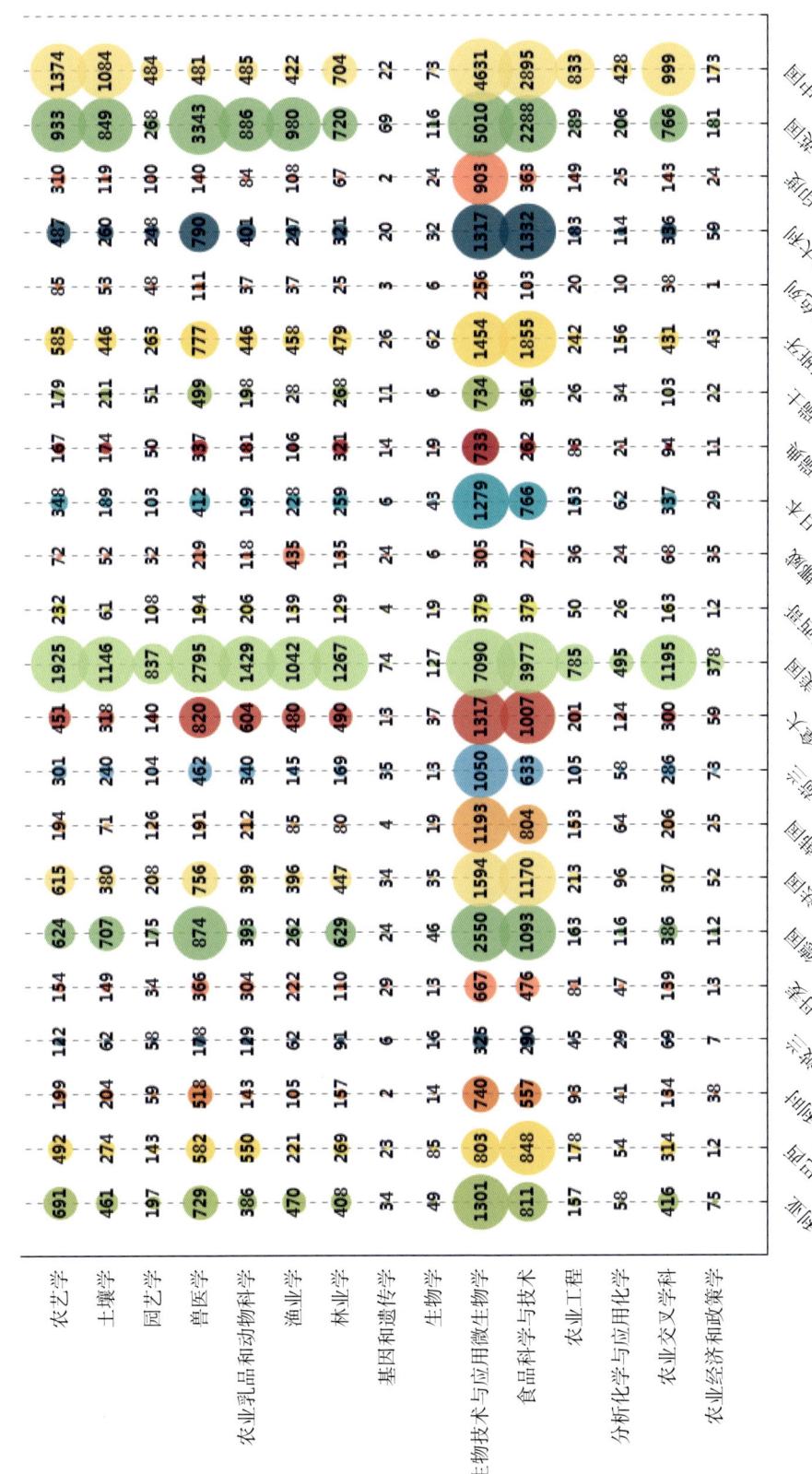

图 2-1-19 2014—2016 年 22 国农业类论文国际合作论文总量学科分布（单位：篇）

2.1.5 代表性机构

为了综合考虑机构论文数和篇均被引频次，快速锁定综合排名靠前的机构及其指标数值，本研究采用式（1），选取综合指标考量农业领域全球代表机构发表论文情况。如式（1）所示，综合指标值是由归一化的论文数和篇均被引频次的权重加和得到的。同时，本研究限定选取论文数大于100篇的机构。按照综合指标排名前50的全球机构论文数和篇均被引频次如表2-1-1所示。农业领域总体和15个农业学科领域的全球和中国代表性机构名称中外文对照表详见附录2。

$$综合指标 = \frac{当前机构论文数}{最大机构论文数} \times 0.5 + \frac{当前机构篇均被引频次}{最大机构篇均被引频次} \times 0.5 \qquad 式（1）$$

表 2-1-1　农业领域全球代表机构发表论文情况

综合指标排名	国别	机构名称	机构中文名称	发文量（篇）	发文量排名	篇均被引频次	篇均被引频次排名
1	美国	University of California System	加利福尼亚大学	12138	1	6.6	228
2	中国	Chinese Academy of Sciences	中国科学院	10394	2	5.9	325
3	欧盟	European Molecular Biology Laboratory (EMBL)	欧洲分子生物学实验室	275	447	33.2	1
4	美国	United States Department of Agriculture (USDA)	美国农业部	8458	3	4.7	595
5	美国	Dana-Farber Cancer Institute	丹娜法伯癌症研究院	165	746	26.8	2
6	美国	Howard Hughes Medical Institute	霍华德·休斯医学研究所	283	435	25.2	4
7	美国	Broad Institute	博德研究所	226	545	25.4	3
8	美国	VA Boston Healthcare System	波士顿医疗保健系统	450	262	23.3	5
9	英国	Wellcome Trust Sanger Institute	桑格研究院	259	476	19.8	6
10	美国	Harvard University	哈佛大学	1257	53	17.1	10

(续表)

综合指标排名	国别	机构名称	机构中文名称	发文量（篇）	发文量排名	篇均被引频次	篇均被引频次排名
11	美国	State University System of Florida	佛罗里达州大学	5871	4	4.5	647
12	美国	Massachusetts Institute of Technology (MIT)	麻省理工学院	596	189	17.9	9
13	德国	Julich Research Center	尤里希研究中心	213	590	18.4	7
14	美国	Oregon Health & Science University	俄勒冈健康与科学大学	115	986	18.1	8
15	法国	Institut National de la Recherche Agronomique (INRA)	法国农业科学院	4604	5	5.6	375
16	西班牙	Consejo Superior de Investigaciones Cientificas (CSIC)	西班牙高等科学研究理事会	4233	6	5.7	361
17	美国	University of Massachusetts System	马萨诸塞大学	2066	26	10.6	34
18	德国	Max Planck Society	马克斯·普朗克科学促进学会	854	114	13.9	13
19	美国	United States Department of Energy (DOE)	美国能源部	1740	36	11.2	29
20	美国	University of Illinois System	伊利诺伊大学	3886	8	5.3	447
21	美国	University System of Georgia	佐治亚大学	4119	7	4.4	661
22	西班牙	Centre de Regulacio Genomica (CRG)	基因组调控中心	108	1044	15.1	11
23	美国	University of Wisconsin System	威斯康星大学	3846	9	4.7	605
24	丹麦	Novo Nordisk	诺和诺德公司	212	593	14.5	12
25	法国	Centre National de la Recherche Scientifique (CNRS)	法国国家科学研究中心	3162	14	6.3	266

(续表)

综合指标排名	国别	机构名称	机构中文名称	发文量（篇）	发文量排名	篇均被引频次	篇均被引频次排名
26	美国	University of Minnesota System	明尼苏达大学	3516	10	5.3	437
27	德国	Karlsruhe Institute of Technology	卡尔斯鲁厄理工学院	371	322	13.7	14
28	荷兰	Wageningen University & Research	瓦赫宁根大学	3309	12	5.6	391
29	西班牙	Barcelona Institute of Science & Technology	巴塞罗那科学技术研究院	163	756	13.4	15
30	德国	RWTH Aachen University	亚琛工业大学	338	359	12.6	17
31	美国	Texas A&M University System	得克萨斯A&M大学	3292	13	4.5	642
32	美国	Johns Hopkins University	约翰·霍普金斯大学	454	260	12.0	19
33	美国	University of Washington	华盛顿大学	1863	32	8.2	93
34	中国	China Agricultural University	中国农业大学	2961	16	5.1	500
35	美国	Stanford University	斯坦福大学	655	170	11.3	27
36	英国	Kings College London	伦敦国王学院	205	614	12.4	18
37	中国	Chinese Academy of Agricultural Sciences	中国农业科学院	3127	15	4.3	700
38	美国	Cornell University	康奈尔大学	2317	20	6.3	258
39	巴西	Universidade de Sao Paulo	圣保罗大学	3383	11	3.3	912
40	美国	Boston University	波士顿大学	151	811	12.0	20
41	英国	AstraZeneca	阿斯利康制药有限公司	118	970	11.9	21
42	法国	UNICANCER	联合癌症中心	132	891	11.8	22
43	西班牙	Pompeu Fabra University	庞培法布拉大学	188	674	11.5	25

(续表)

综合指标排名	国别	机构名称	机构中文名称	发文量（篇）	发文量排名	篇均被引频次	篇均被引频次排名
44	美国	University of Southern California	南加利福尼亚大学	184	685	11.5	24
45	美国	Memorial Sloan Kettering Cancer Center	纪念斯隆—凯特琳癌症中心	120	964	11.6	23
46	澳大利亚	Commonwealth Scientific & Industrial Research Organisation (CSIRO)	澳大利亚联邦科学与工业研究组织	1815	34	6.9	199
47	德国	Ernst Moritz Arndt Universitat Greifswald	格赖夫斯瓦尔德大学	135	878	11.3	26
48	英国	University of London	伦敦大学	2185	24	5.7	355
49	中国	Zhejiang University	浙江大学	2242	22	5.6	386
50	美国	National Institutes of Health (NIH) - USA	美国国立卫生研究院	857	113	9.3	60

表 2-1-1 为按照综合指标排名前 50 位的全球机构（以下称全球 Top50 机构），表中展示了各机构的发文量、发文量排名、篇均被引频次和篇均被引频次排名。

从机构数量分布看，全球 Top50 机构中，有 25 个来自美国，占全部机构的 50%。中国有 4 个机构进入全球 Top50 机构，分别是中国科学院、中国农业大学、中国农业科学院和浙江大学。其余机构分别来自德国（5 个）、英国（4 个）、西班牙（4 个）、法国（3 个）、澳大利亚（1 个）、丹麦（1 个）、巴西（1 个）、荷兰（1 个）和欧盟（1 个）[①]。

从机构主体类型看，全球 Top50 机构中，27 个机构为高校，占全部机构的 54%；18 个机构为科研机构，占全部机构的 36%；2 个机构为公司企业，占全部机构的 4%。美国的 25 个机构中，高校占比 68%，科研机构占比 20%，12% 的机构为其他类型（如政府部门等）。中国的 4 个机构中，高校和科研机构各占 50%。德国的 5 个机构中，高校和科研机构分别占比 60% 和 40%。英国机构中，50% 为高校，科研机构和企业各占 25%。西班牙机构中，高校占比 25%，科研机构占比 75%。法国的 3 个机构全部为科研机构。澳大利亚机构为科研机构，丹麦机构为公司企业，巴西机构为高校，荷兰机构为高校，欧盟机构为科研机构。

---

① 欧盟虽未作为本报告的 22 个研究国家之一，但该机构与 22 国中研究机构的合作较多，导致其排名进入全球 Top50，报告后续章节中有国际组织和非 22 国中国家的机构进入排名也属类似情况。

2.2 农艺学领域论文竞争力分析

2.2.1 科研生产力

将 2014—2016 年各国该学科论文数量进行统计排名（图 2-2-1），评价中国该学科论文数量在全球的位置。

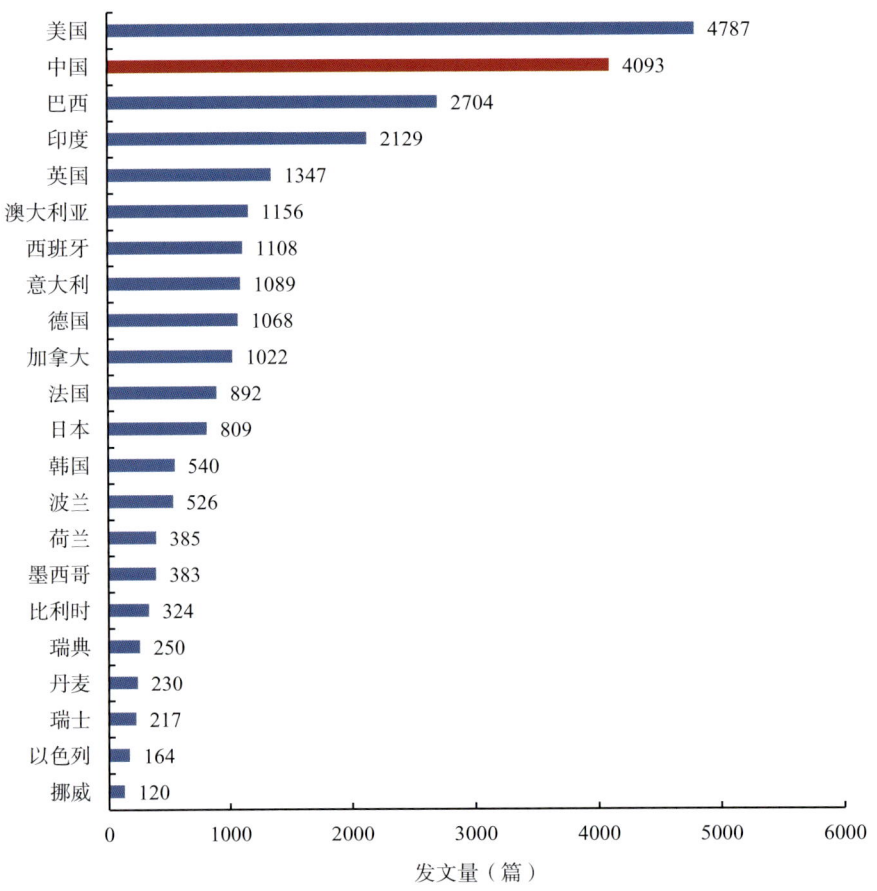

图 2-2-1 2014—2016 年农艺学领域论文总发文量国别分布

22 国该学科论文总量 25343 篇，美国排名第一，中国排名第二。巴西和印度排名第三和第四。

将排名前 5 位国家的该学科论文数量按发表年代进行统计分析（图 2-2-2），对比我国和其他国家论文量发展趋势。

2 全球农业科技论文竞争力分析

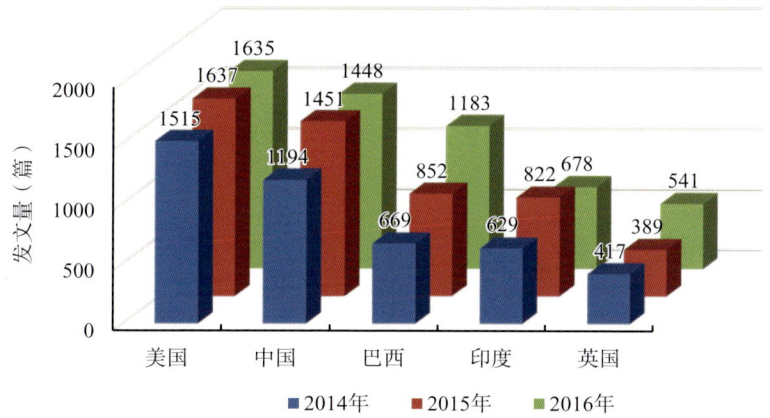

图 2-2-2　农艺学领域排名前 5 位国家的论文发文量年代分布

我国 2014 年、2015 年和 2016 年每年发文量分别为 1194 篇，1451 篇和 1448 篇。

将研究时间段内排名前 5 位国家的该学科论文数量各年增长率进行统计分析（图 2-2-3），对比我国和其他国家该学科论文增长趋势。我国 2015 年的发文量较前一年有增长。除了巴西的发文量每年都在增长，其他 3 个国家的发文量每年也都有增有减。

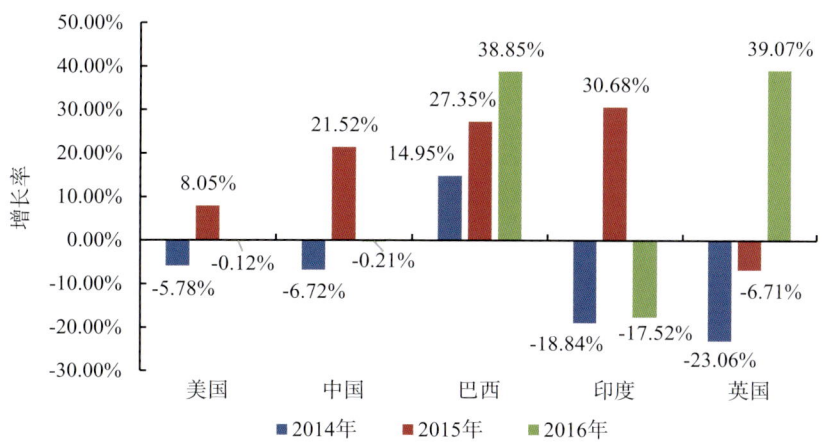

图 2-2-3　农艺学领域总发文量排名前 5 位国家的各年论文增长率

2.2.2　科研影响力

将研究时间段内各国该学科总被引频次统计排名（图 2-2-4）。

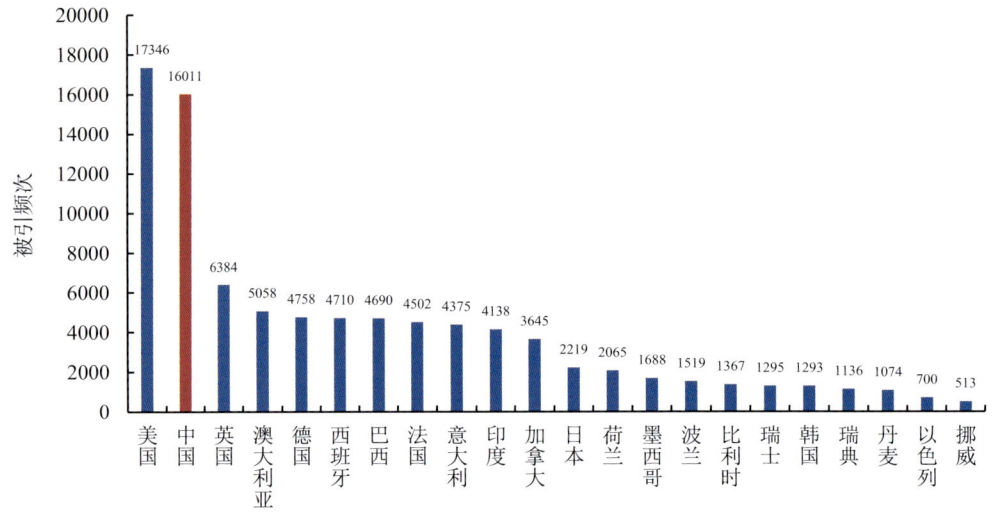

图 2-2-4　2014—2016 年 22 国农艺学领域论文总被引频次统计

22 国该学科总被引频次 90486，美国占据总被引频次第一位。中国占据总被引频次第二位。英国、澳大利亚和德国紧随其后，排在第三、第四和第五位。

学科规范化引文影响力瑞士排名第一，荷兰第二，中国排名第十四，美国排名第十六（图 2-2-5）。与论文总量和被引次数相比，学科规范化的引文影响力中国排名稍微靠后。

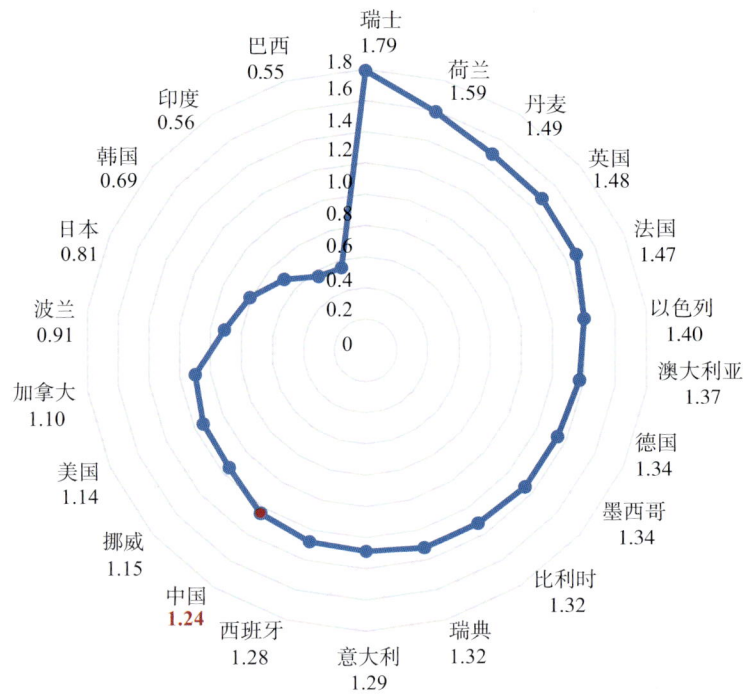

图 2-2-5　2014—2016 年 22 国农艺学领域论文学科规范化的引文影响力

2.2.3 科研发展力

22国该学科高被引论文总量187篇,美国排名第一,有38篇。中国排名第二,有34篇,法国第三,有13篇(图2-2-6)。

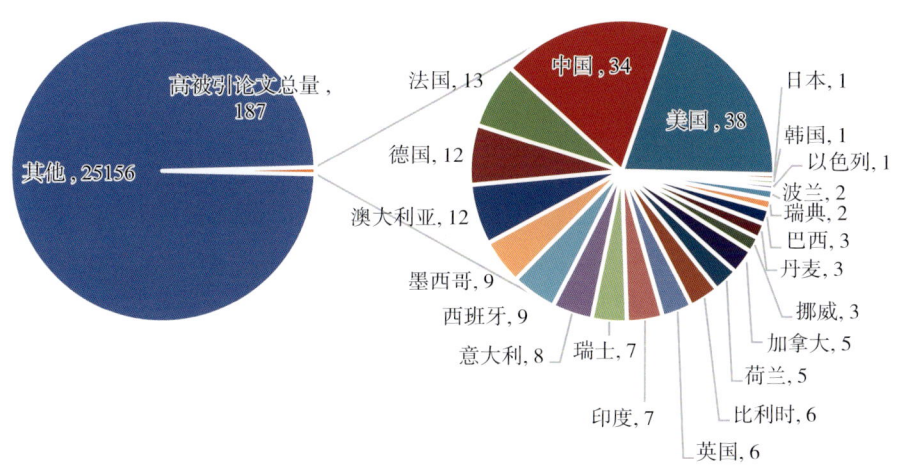

图 2-2-6　2014—2016 年 22 国农艺学领域论文中高被引论文总量国别分布(单位:篇)

Q1期刊中的论文总量中国排名第一,有2579篇,美国排名第二,英国排名第三(图2-2-7)。

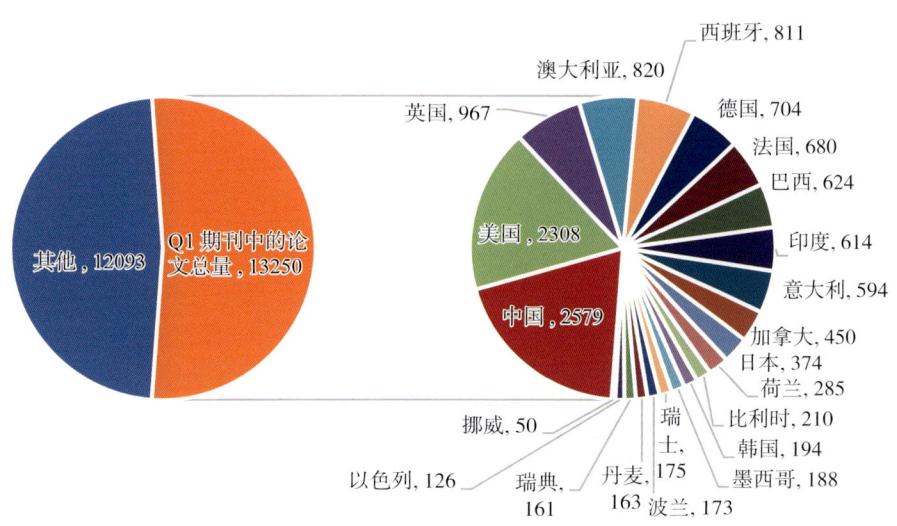

图 2-2-7　2014—2016 年 22 国农艺学领域论文中 Q1 期刊论文量国别分布(单位:篇)

将排名前 5 位国家该学科 Q1 期刊中的论文总量按发表年代进行统计分析，对比我国和其他国家发展趋势（图 2-2-8）。

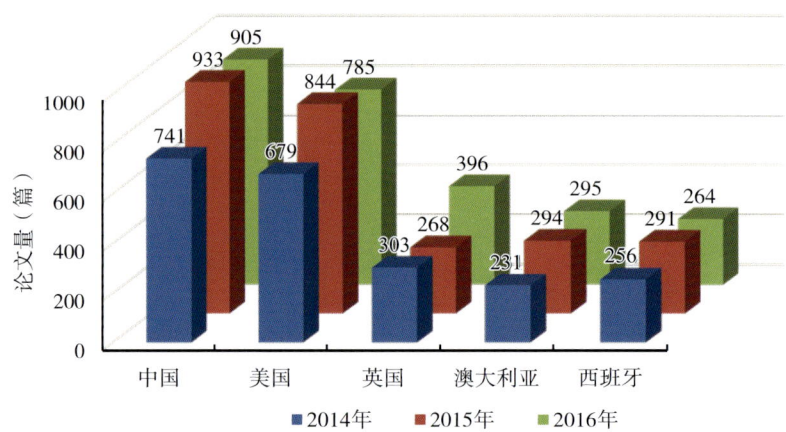

图 2-2-8　农艺学领域排名前 5 位国家的 Q1 期刊中的论文量年代分布

2014 年、2015 年和 2016 年中国的 Q1 期刊论文量分别为 741 篇、933 篇和 905 篇。

2.2.4　国际合作力

从全球来看，该领域国际合作论文总量美国排名第一，中国第二。英国、澳大利亚和德国分列第三、第四、第五位（图 2-2-9）。

2014—2016 年中国的合作论文分别为 385 篇、495 篇和 494 篇（图 2-2-10）。

2014 年和 2016 年我国发表的合作论文较前一年略有下降。其他 4 个国家每年的合作论文相比前一年也有增有减（图 2-2-11）。

与我国合作最多的是美国，其次是澳大利亚、加拿大、英国、日本等（图 2-2-12）。

2.2.5　该学科代表性机构

为了综合考虑机构论文数和篇均被引频次，快速锁定综合排名靠前的机构及其指标数值，本研究报告采用式（1），选取综合指标考量 15 个农业学科领域全球代表机构发表论文情况。同时，本报告限定选取论文数大于 5 篇的机构（个别论文数少的领域除外）。按照综合指标排名前十的全球机构论文数和篇均被引频次如图 2-2-13 所示。

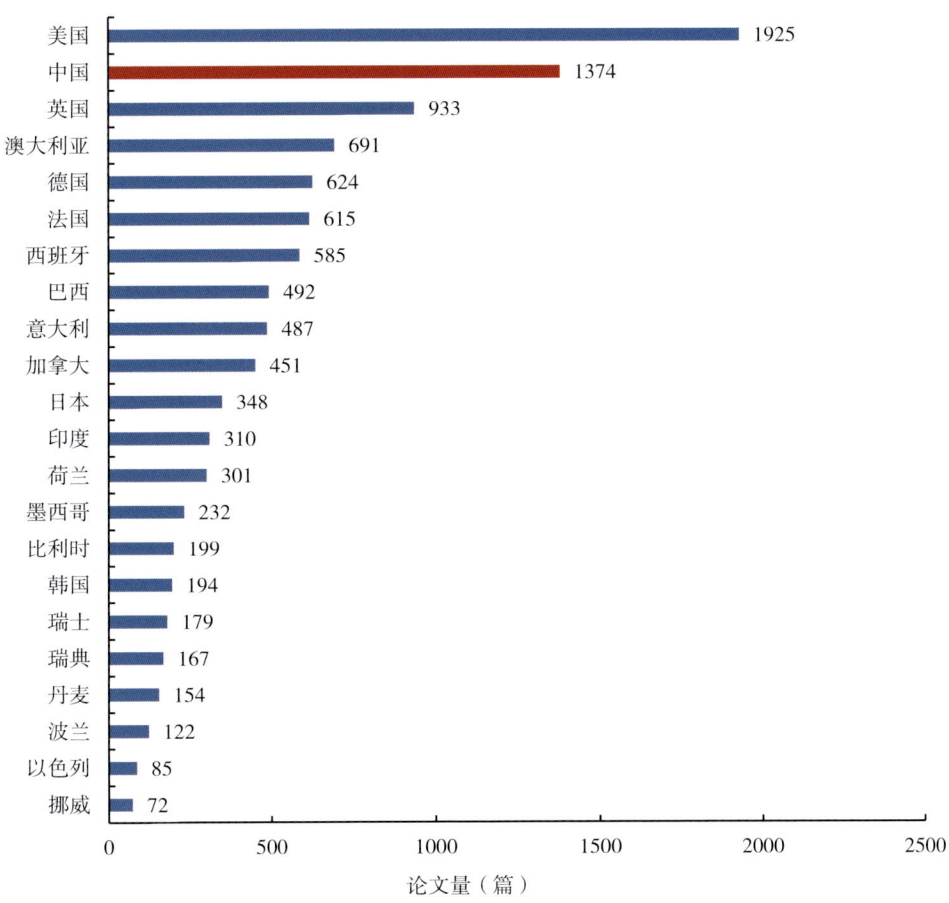

图 2-2-9 2014—2016 年 22 国农艺学领域国际合作论文总量国别分布

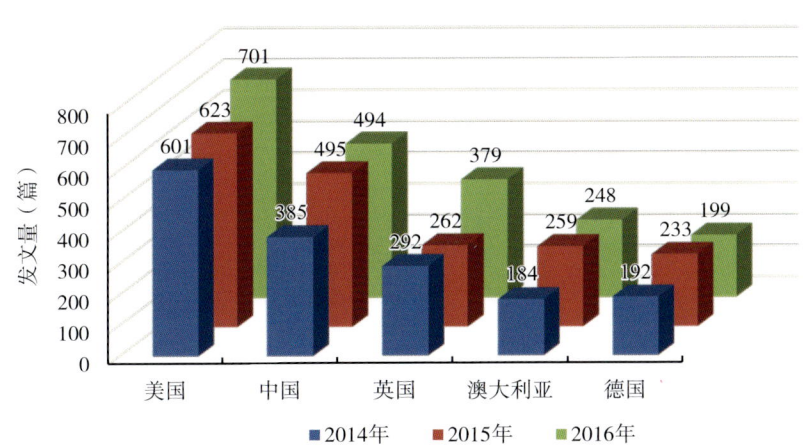

图 2-2-10 农艺学领域国际合作论文发文量排名前 5 位国家的国际合作论文发文量年代分布

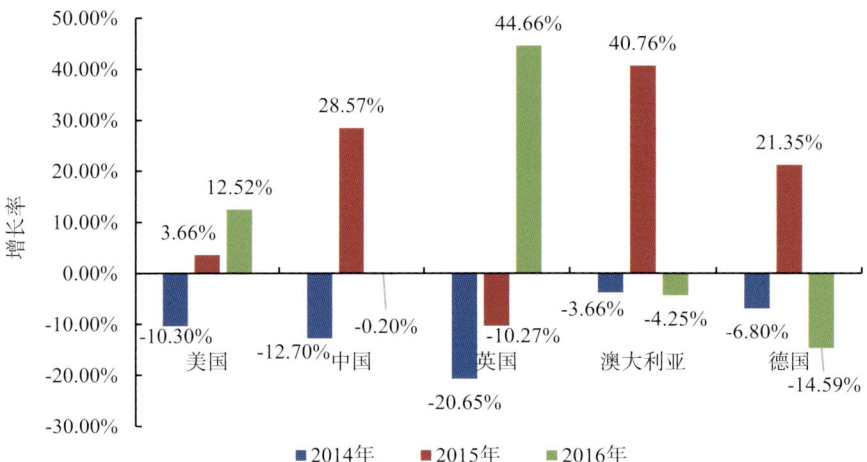

图 2-2-11　农艺学领域国际合作论文量排名前 5 位国家的各年国际合作论文增长率

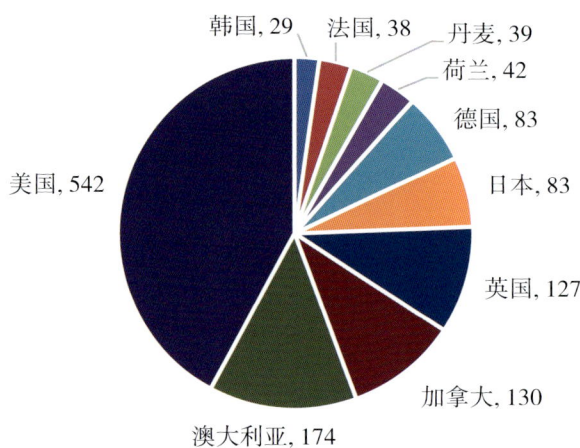

图 2-2-12　农艺学领域与中国合作论文量排名前 10 位的国家及论文量（篇）

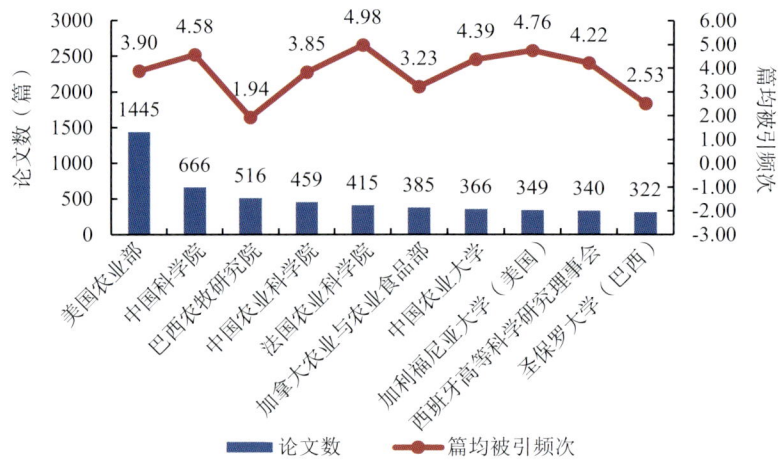

图 2-2-13　农艺学领域全球代表性机构

（1）该学科全球代表性机构

按综合指标排名前10位的机构依次是美国农业部、中国科学院、巴西农牧研究院、中国农业科学院、法国农业科学院、加拿大农业部、中国农业大学、美国的加利福尼亚大学、西班牙高等科学研究理事会和巴西的圣保罗大学。

（2）该学科中国代表性机构

按综合指标排名前10的我国机构依次是中国科学院、中国农业科学院、中国农业大学、南京农业大学、西北农林科技大学、华中农业大学、浙江大学、南京大学、中国气象局和北京大学（图2-2-14）。

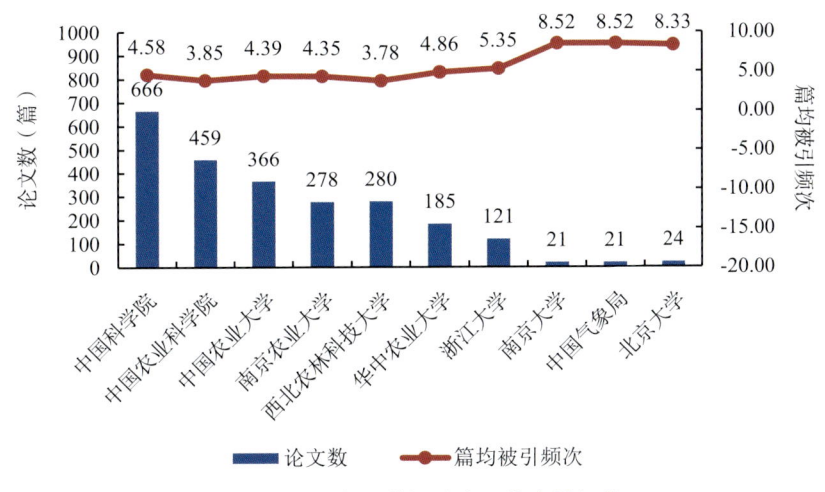

图 2-2-14 农艺学领域中国代表性机构

2.3 土壤学领域论文竞争力分析

2.3.1 科研生产力

22国该学科论文总量14359篇，论文总量中国第一，其次是美国、英国、德国、西班牙和澳大利亚等（图2-3-1）。

2014年、2015年和2016年，我国该学科的论文量分别为867篇、883篇和984篇，呈现逐年增长的趋势（图2-3-2）。

5个国家中只有中国该学科的论文量呈现逐年增长的趋势。其他4个国家的论文各年都有增有减（图2-3-3）。

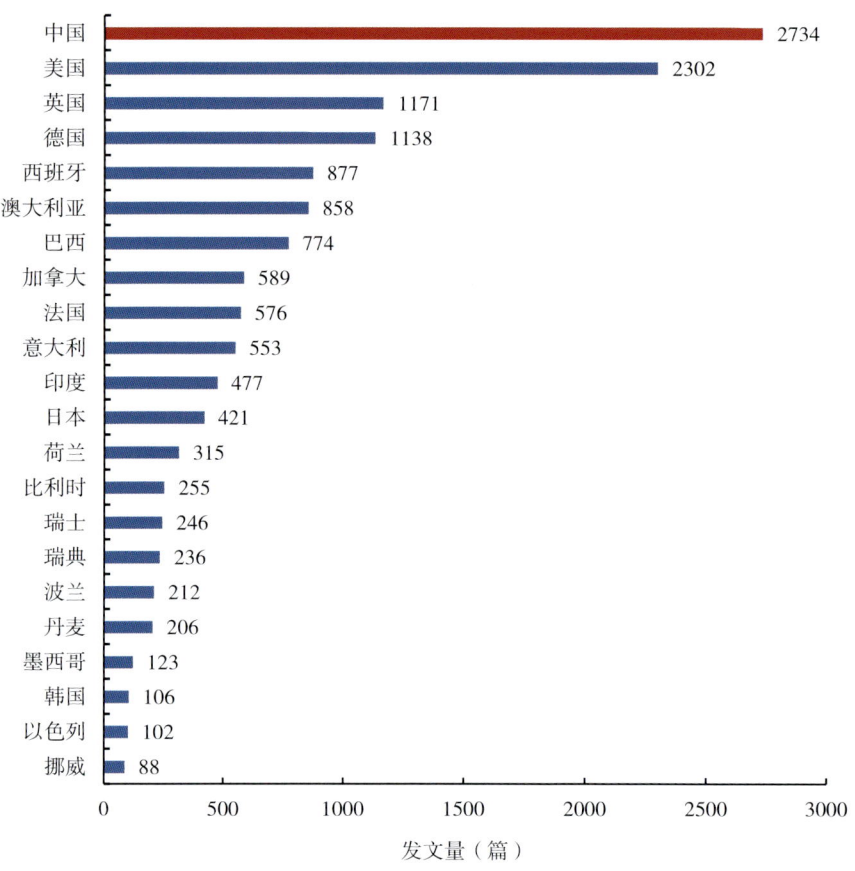

图 2-3-1　2014—2016 年土壤学领域论文总发文量国别分布

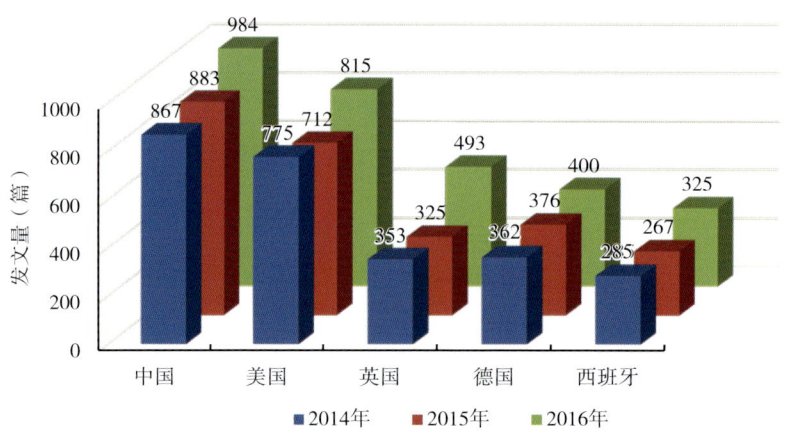

图 2-3-2　土壤学领域排名前 5 位国家的论文发文量年代分布

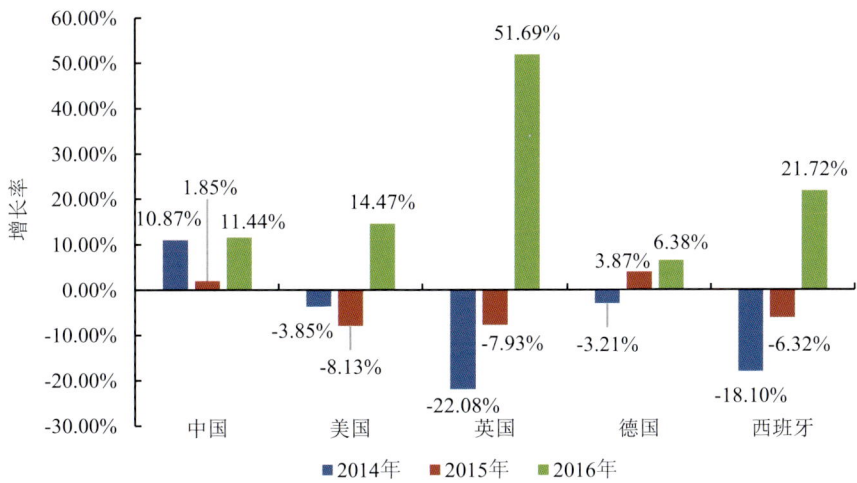

图 2-3-3　土壤学领域总发文量排名前 5 位国家的各年论文增长率

2.3.2　科研影响力

22 国该学科总被引频次 67200。其中，中国排名第一，其次是美国、英国、德国、澳大利亚和西班牙（图 2-3-4）。对比论文总量基本一致。

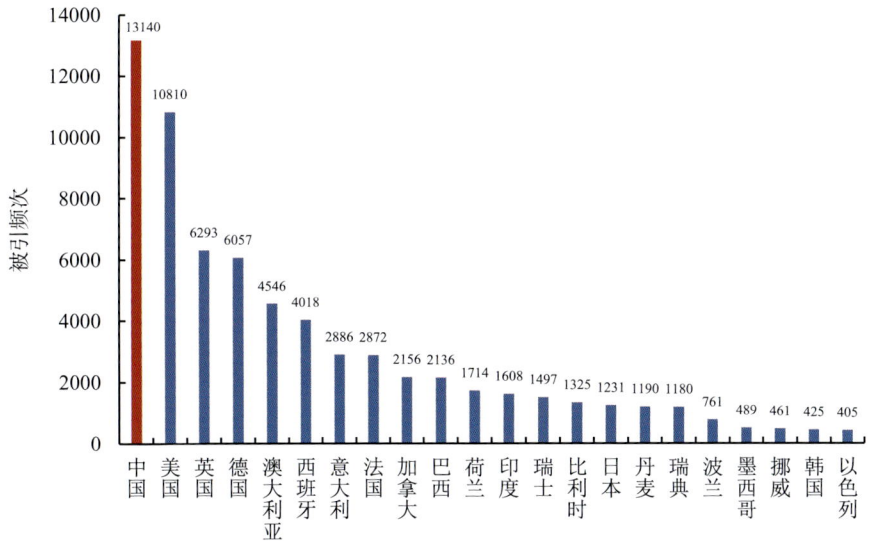

图 2-3-4　2014—2016 年 22 国土壤学领域论文总被引频次统计

学科规范化的引文影响力瑞士排名第一，其次是荷兰、英国、丹麦和意大利。中国排名第十三，美国排名第十四（图 2-3-5）。

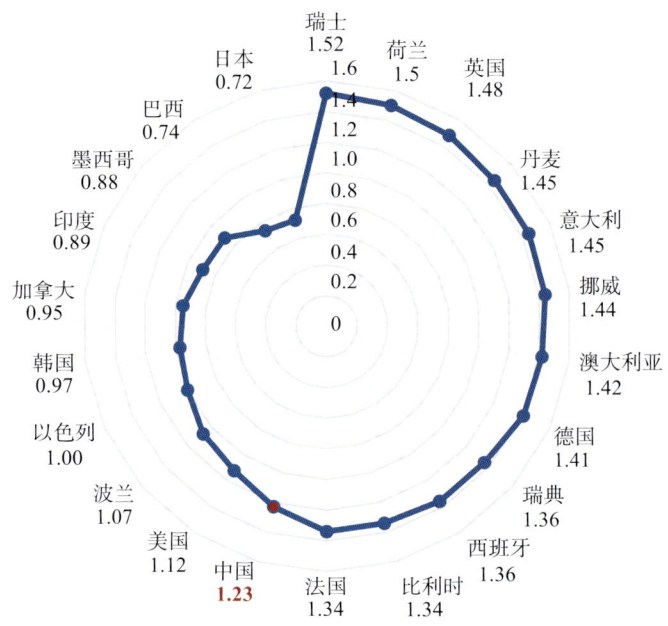

图 2-3-5 2014—2016 年 22 国土壤学领域论文学科规范化的引文影响力

2.3.3 科研发展力

22 国该学科高被引论文共 206 篇。其中，美国拥有 29 篇，排名第一。其次是中国、西班牙、英国、德国和澳大利亚等（图 2-3-6）。

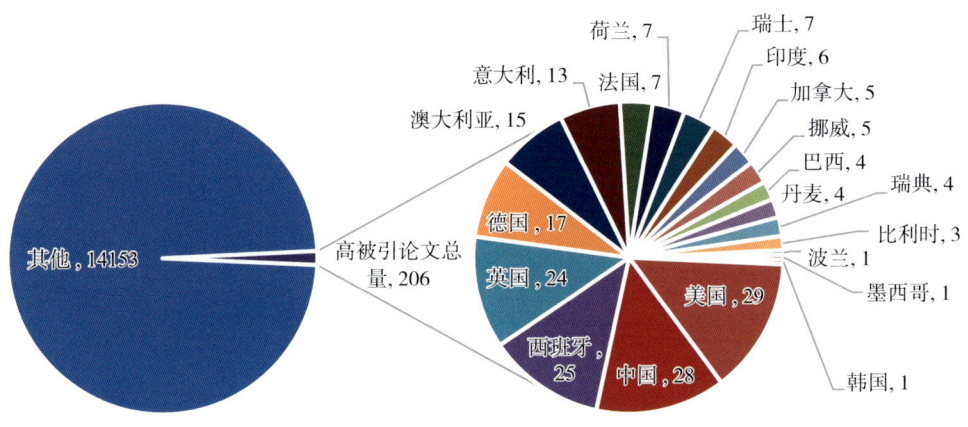

图 2-3-6 2014—2016 年 22 国土壤学领域论文中高被引论文总量国别分布（单位：篇）

在 Q1 期刊论文中，中国拥有 1419 篇排名第一，其次依次为美国、英国、德国、澳大利亚和西班牙等（图 2-3-7）。

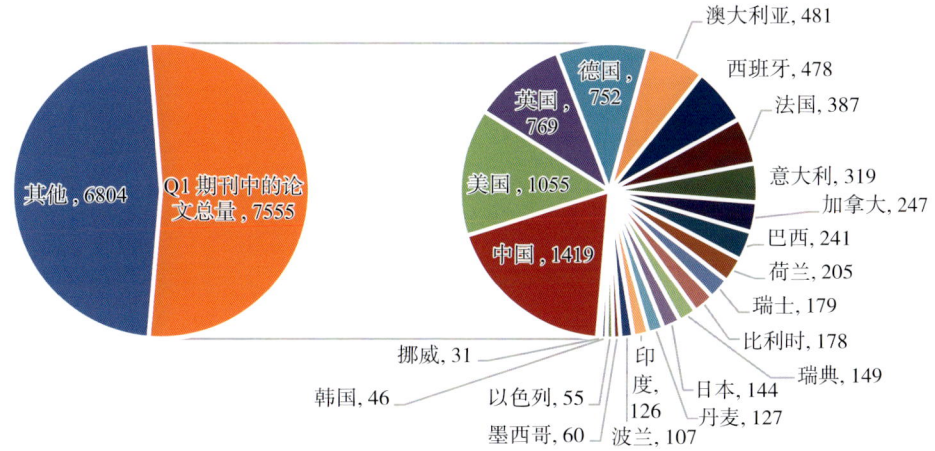

图 2-3-7　2014—2016 年 22 国土壤学领域论文中 Q1 期刊论文量国别分布

2014 年、2015 年和 2016 年我国该学科 Q1 期刊论文分别为 392 篇、515 篇和 512 篇（图 2-3-8）。

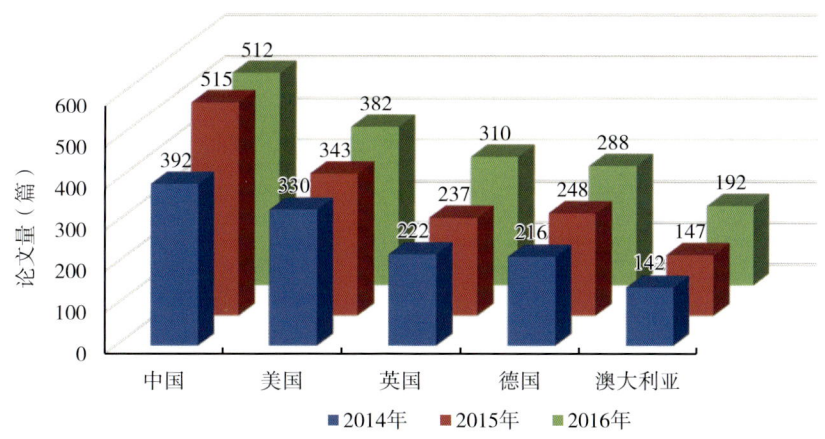

图 2-3-8　土壤学领域排名前 5 位国家的 Q1 期刊中的论文量年代分布

2.3.4　国际合作力

从该学科全球合作论文总量来看，美国拥有 1146 篇合作论文，排名第一，其次依次是中国、英国、德国、澳大利亚和西班牙等（图 2-3-9）。

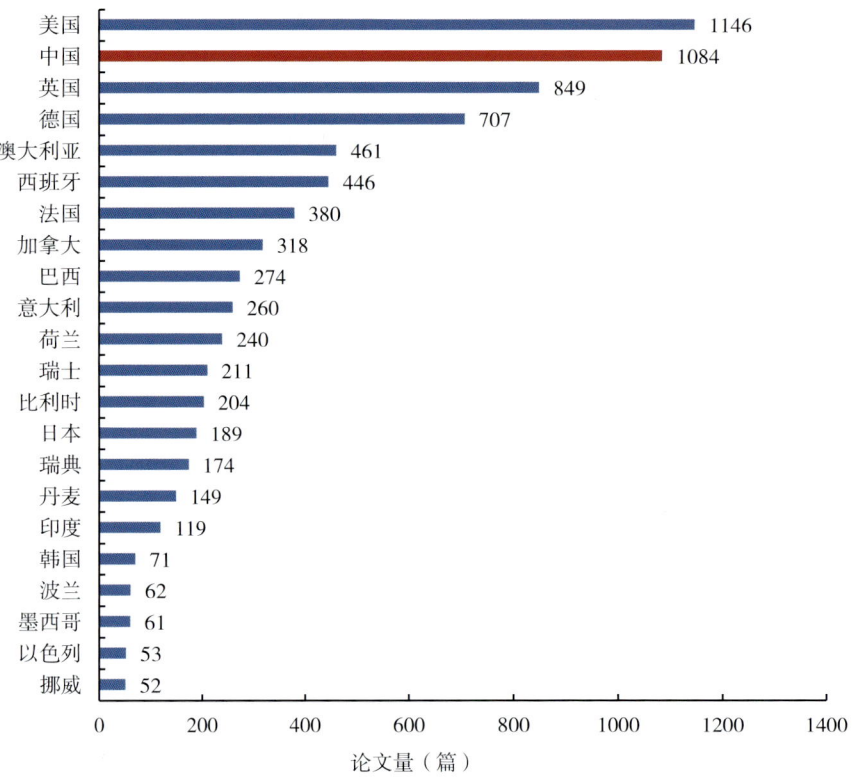

图 2-3-9　2014—2016 年 22 国土壤学领域国际合作论文总量国别分布

2014 年、2015 年和 2016 年，我国该学科合作论文量分别是 331 篇、356 篇和 397 篇，呈现逐年增长的趋势（图 2-3-10）。

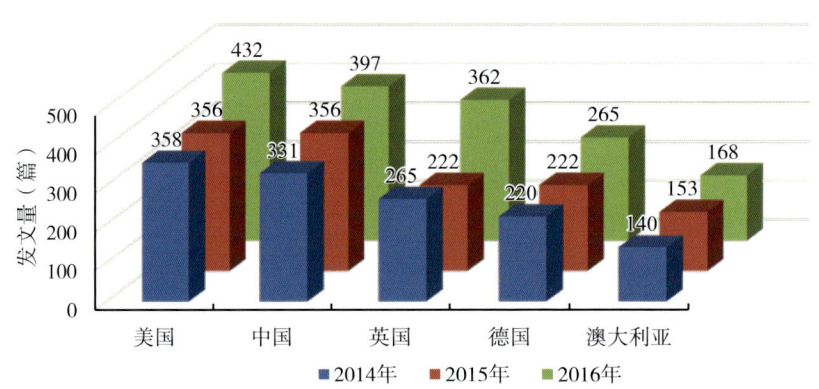

图 2-3-10　土壤学领域国际合作论文发文量排名前 5 位国家的国际合作论文发文量年代分布

在合作论文排名前 5 位的国家中，只有中国和德国近 3 年合作论文量呈现逐年增长趋势（图 2-3-11）。

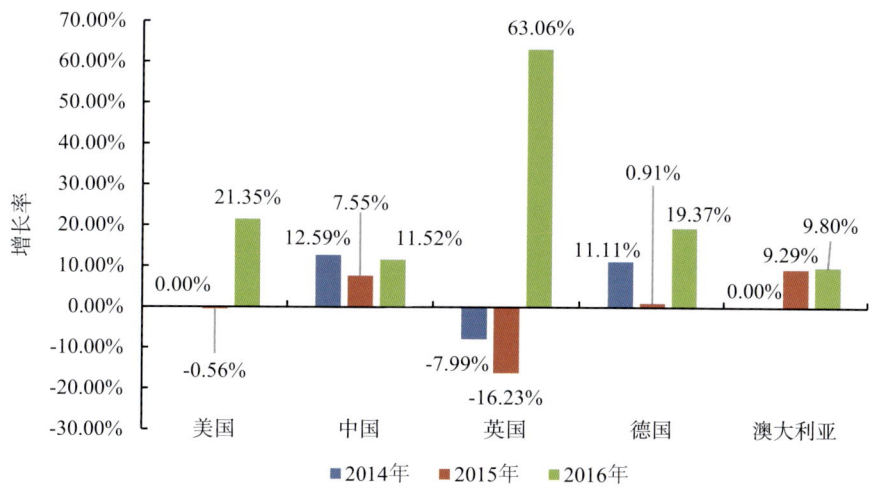

图 2-3-11　土壤学领域国际合作论文量排名前 5 位国家的各年国际合作论文增长率

在与中国合作的国家中，美国是第一合作大国，其他依次是澳大利亚、英国、德国和加拿大等（图 2-3-12）。

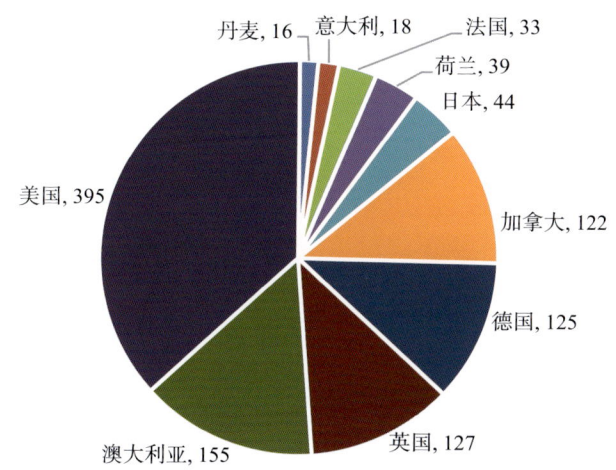

图 2-3-12　土壤学领域与中国合作论文量排名前 10 位的国家及论文量（单位：篇）

2.3.5　该学科代表性机构

（1）该学科全球代表性机构

全球综合指标排名前 10 位的机构依次是中国科学院、美国农业部、法国农业科学院、德国的柏林自由大学、欧盟委员会联合研究中心、法国国家科研中心、瑞士的苏黎世大学、西班牙的瓦伦西亚大学、澳大利亚联邦科学与工业研究组织和西班牙高等科学研究理事会（图 2-3-13）。

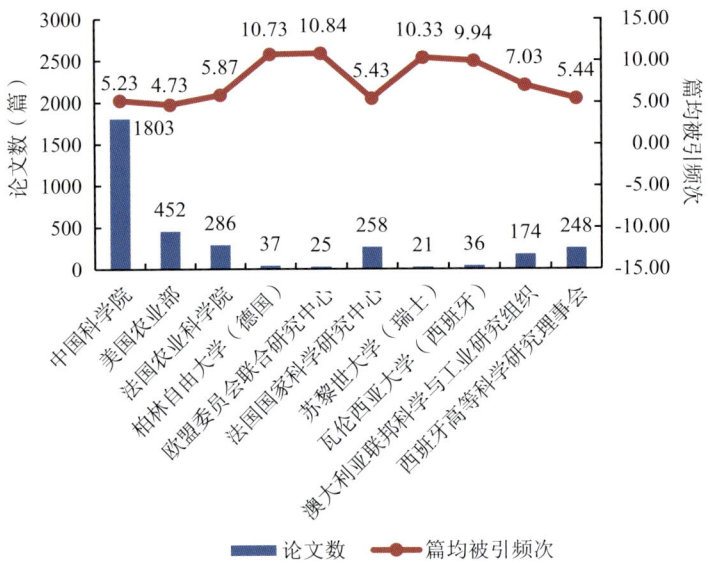

图 2-3-13　土壤学领域全球代表性机构

（2）该学科中国代表性机构

我国综合指标排名前10位的机构依次是中国科学院、西北农林科技大学、南京农业大学、清华大学、浙江大学、中国农业学院、北京师范大学、中国农业大学、中国林业科学院和华中农业大学（图2-3-14）。

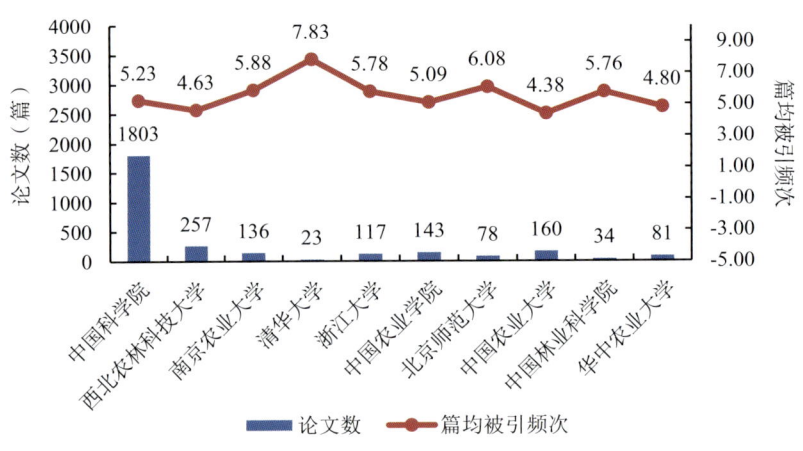

图 2-3-14　土壤学领域中国代表性机构

2.4 园艺学领域论文竞争力分析

2.4.1 科研生产力

22 国该学科论文总量 10130 篇,美国论文总量最多,其次是中国、印度、西班牙和意大利(图 2-4-1)。

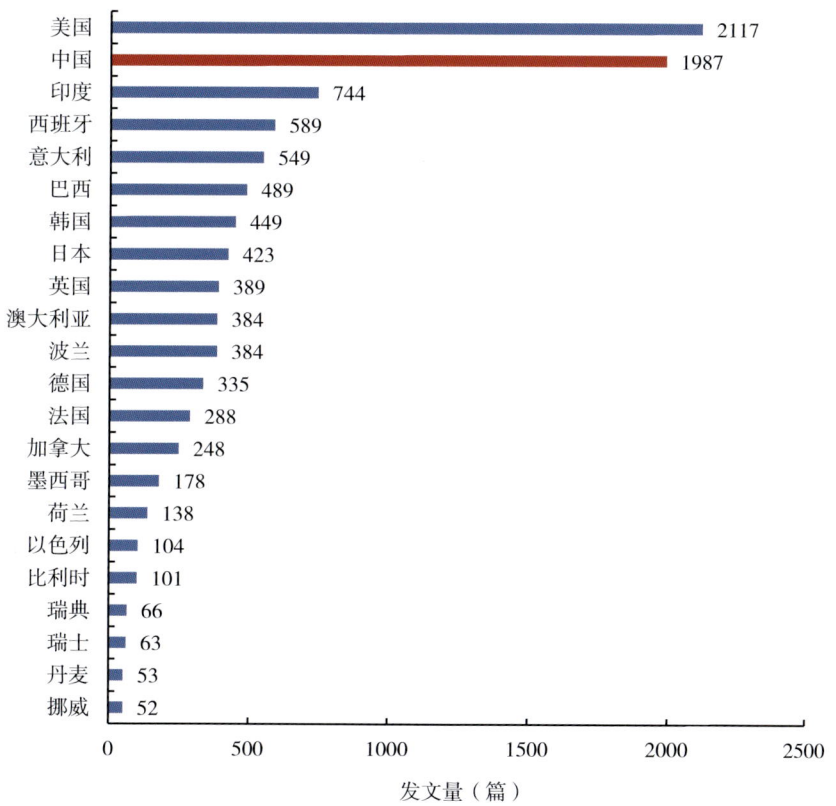

图 2-4-1 2014—2016 年园艺学领域论文总发文量国别分布

2014 年、2015 年和 2016 年中国该学科论文量分别为 604 篇、739 篇和 644 篇(图 2-4-2)。

2014 年和 2015 年中国该学科发文量较前一年略有上升,2016 年较 2015 年发文量略有下降。其他 4 个国家各年也都有增有减(图 2-4-3)。

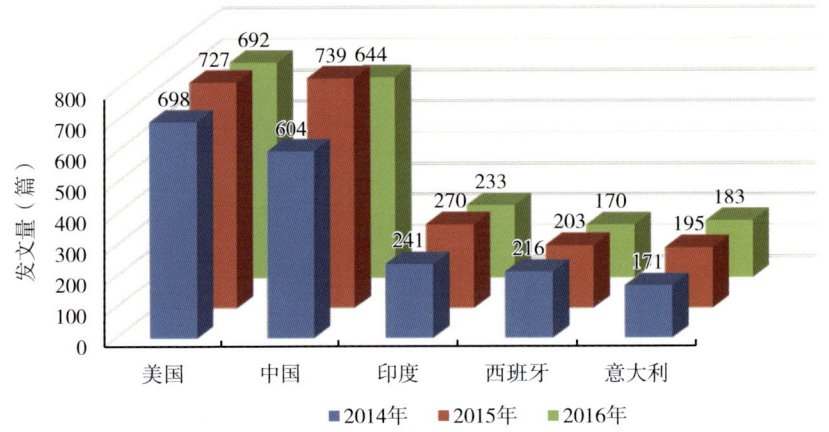

图 2-4-2　园艺学领域排名前 5 位国家的论文发文量年代分布

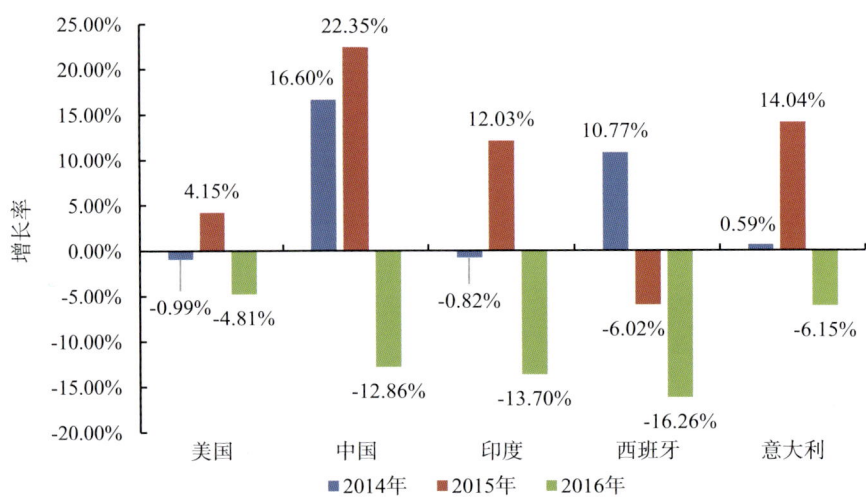

图 2-4-3　园艺学领域总发文量排名前 5 位国家的各年论文增长率

2.4.2　科研影响力

22 国该学科总被引频次 29263，中国总被引频次最多，其次是美国、意大利、西班牙和英国等（图 2-4-4）。

该学科的学科规范化的影响力比利时排名第一，其次是墨西哥、瑞士、以色列和荷兰等。中国排第十四，美国排第十六（图 2-4-5）。

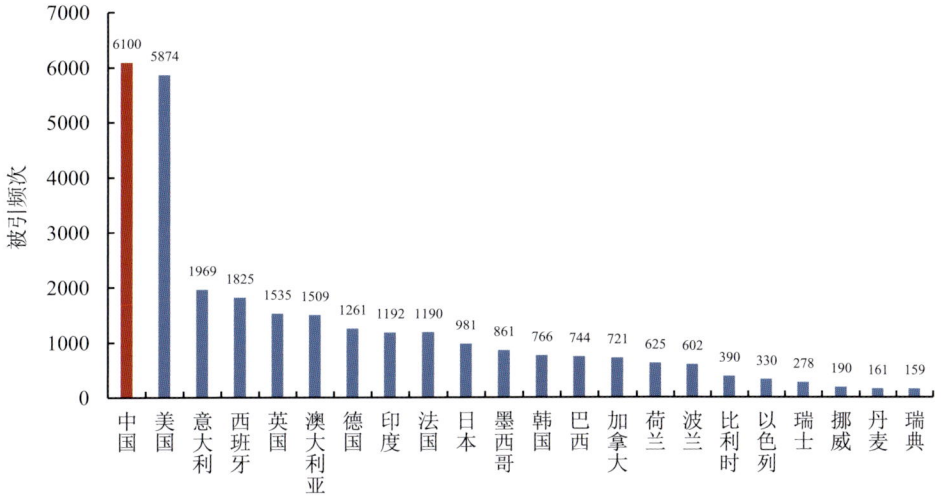

图 2-4-4　2014—2016 年 22 国园艺学领域论文总被引频次统计

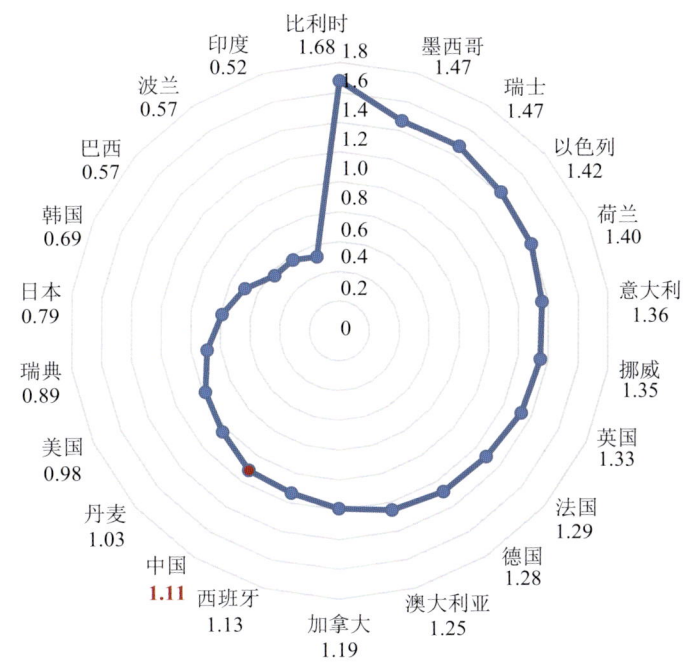

图 2-4-5　2014—2016 年 22 国园艺学领域论文学科规范化的引文影响力

2.4.3　科研发展力

22 国该学科高被引论文总量 43 篇，美国排名第一，其次是墨西哥、中国、法国、澳大利亚、比利时等（图 2-4-6）。

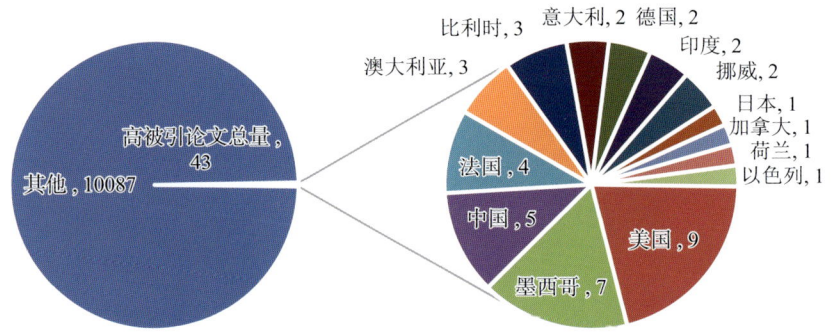

图 2-4-6　2014—2016 年 22 国园艺学领域论文中高被引论文总量国别分布（单位：篇）

该学科 Q1 期刊论文总量中国最多，其次是美国、西班牙、意大利、澳大利亚和英国等。对比高被引论文总量，中国论文发表的期刊相对其他各国都要好，但是高被引量论文数量排名稍微落后（图 2-4-7）。

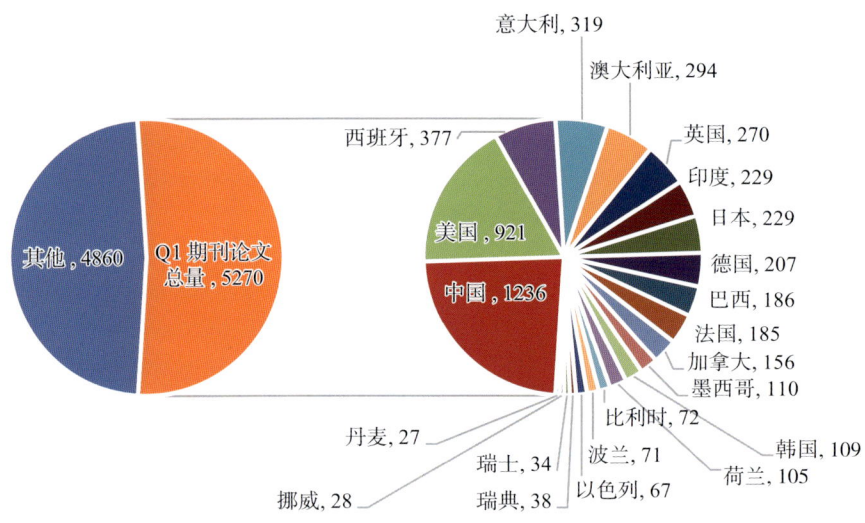

图 2-4-7　2014—2016 年 22 国园艺学领域论文中 Q1 期刊论文量国别分布

2014 年、2015 年和 2016 年中国该学科 Q1 期刊发文量分别为 307 篇、490 篇和 439 篇（图 2-4-8）。

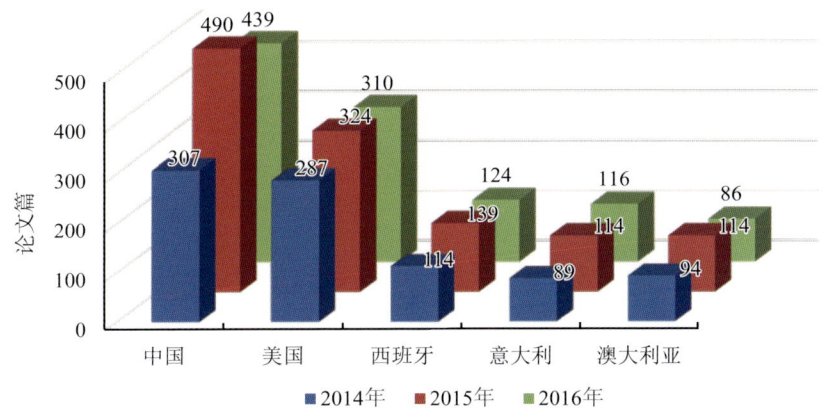

图 2-4-8　园艺学领域排名前 5 位国家的 Q1 期刊中的论文量年代分布

2.4.4　国际合作力

从全球园艺学领域国际合作论文总量国别分布来看，美国排名第一，其次是中国、英国、西班牙和意大利等（图 2-4-9）。

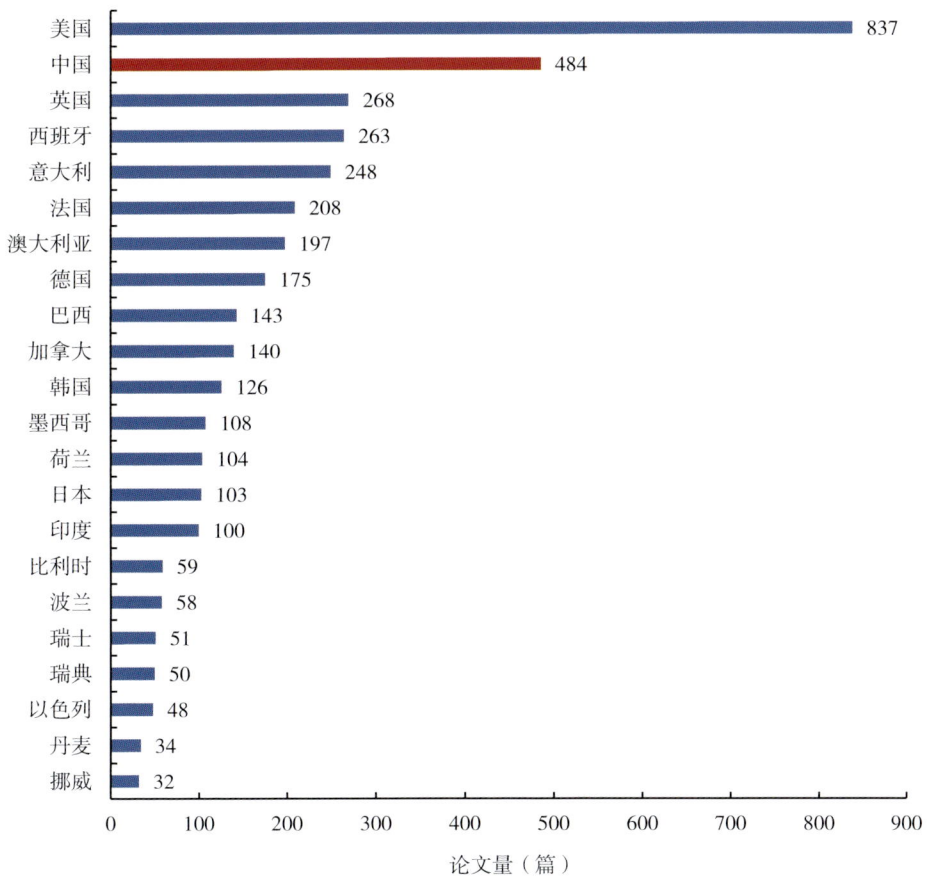

图 2-4-9　2014—2016 年 22 国园艺学领域国际合作论文总量国别分布

2014 年、2015 年和 2016 年中国该学科的合作论文分别为 134 篇、175 篇和 175 篇（图 2-4-10）。

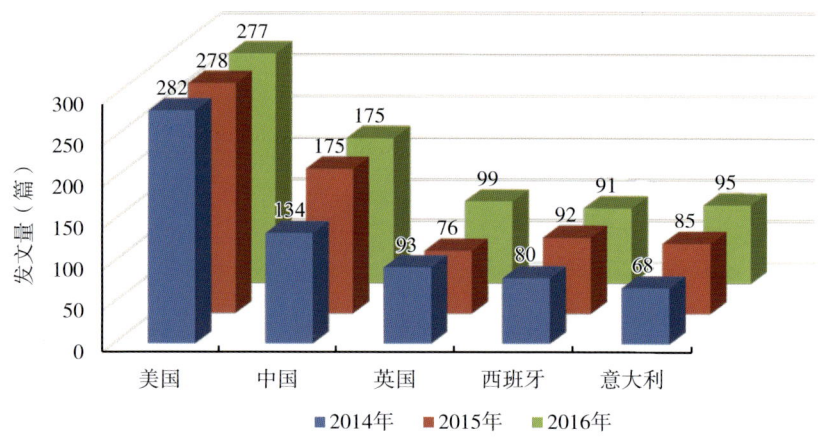

图 2-4-10　园艺学领域国际合作论文发文量排名前 5 位国家的国际合作论文发文量年代分布

2014 年我国该学科的合作论文量较前一年略有下降，2015 年较前一年略有增加，2016 年和前一年持平。其他 4 个国家的各年合作论文也有增有减（图 2-4-11）。

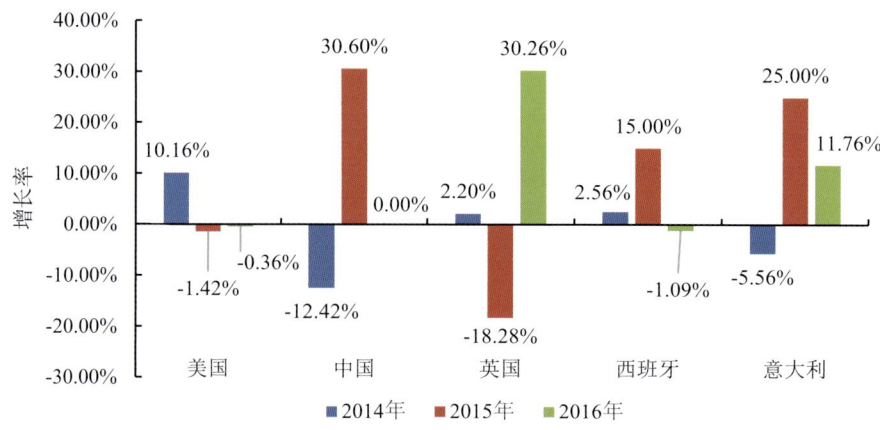

图 2-4-11　园艺学领域国际合作论文量排名前 5 位国家的各年国际合作论文增长率

与中国合作的国家中，美国合作发文量最多，其次是澳大利亚、英国、日本和加拿大等（图 2-4-12）。

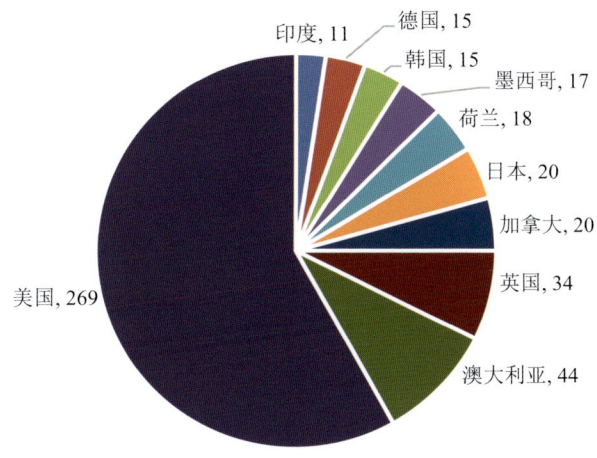

图 2-4-12　园艺学领域与中国合作论文量排名前 10 位的国家及论文量（单位：篇）

2.4.5　该学科代表性机构

（1）该学科全球代表性机构

全球综合指标排名前 10 的机构依次是美国农业部、美国的加利福尼亚大学、中国农业科学院、西班牙高等科学研究理事会、美国的佛罗里达州立大学、中国的南京农业大学、法国农业科学院、中国科学院、中国农业大学和印度农业研究理事会（图 2-4-13）。

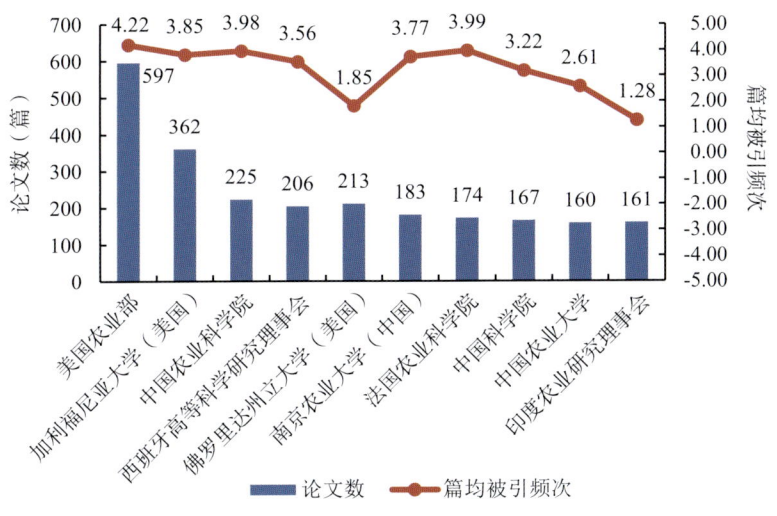

图 2-4-13　园艺学领域全球代表性机构

（2）该学科中国代表性机构

我国综合指标排名前10的机构依次是中国农业科学院、南京农业大学、中国科学院、中国农业大学、华中农业大学、西北农林科技大学、浙江大学、江苏省农业科学院、四川农业大学和山东农业大学（图2-4-14）。

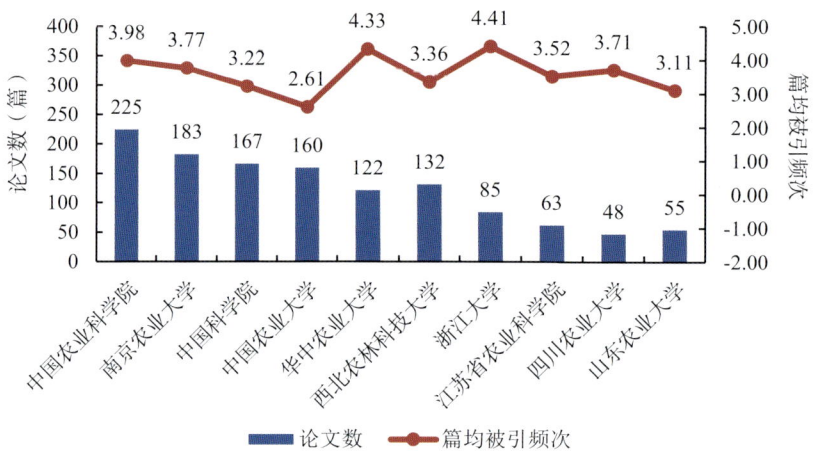

图 2-4-14　园艺学领域中国代表性机构

2.5　兽医学领域论文竞争力分析

2.5.1　科研生产力

22国该学科论文总量39273篇，美国排名第一，其他依次是英国、中国、巴西、意大利、日本和德国等（图2-5-1）。

2014年、2015年和2016年，中国该学科发文量依次是793篇、986篇和1052篇（图2-5-2）。

2015年和2016年，中国该学科发文量都较前一年有增长。2014年较前一年有下降。其他各国各年也都有增有减（图2-5-3）。

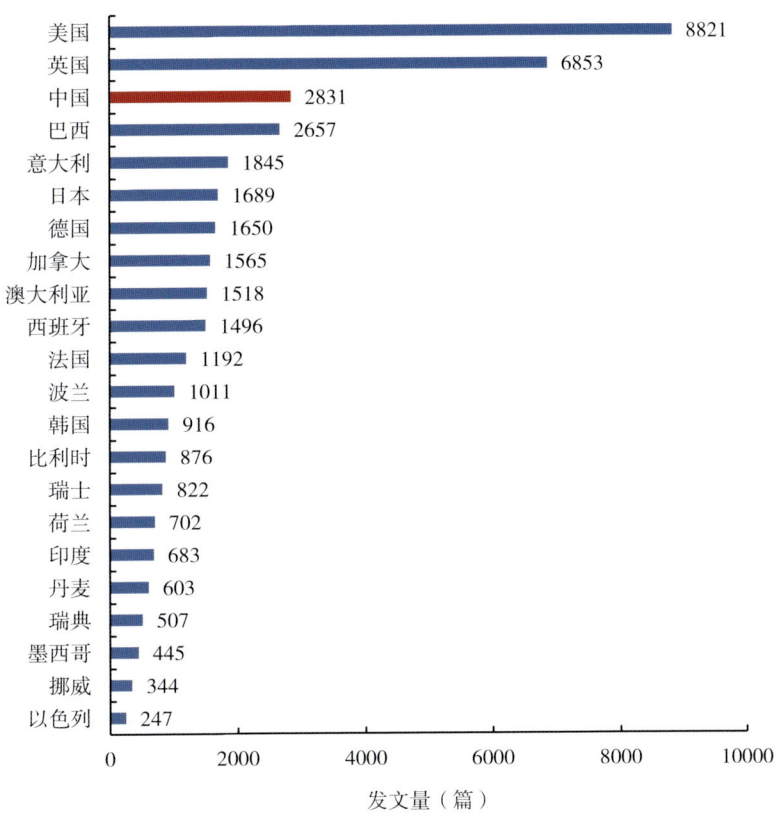

图 2-5-1　2014—2016 年兽医学领域论文总发文量国别分布

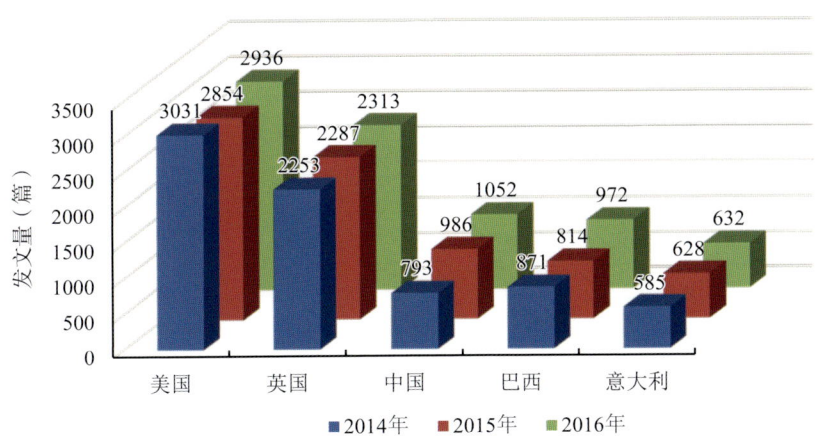

图 2-5-2　兽医学领域排名前 5 位国家的论文发文量年代分布

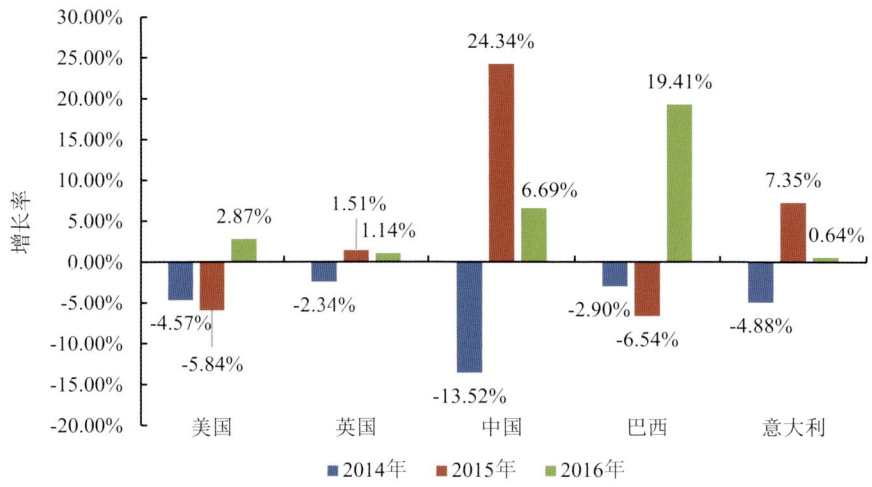

图 2-5-3　兽医学领域总发文量排名前 5 位国家的各年论文增长率

2.5.2　科研影响力

22 国该学科总被引频次 98791，美国第一，其次依次是英国、中国、德国、意大利、巴西和西班牙（图 2-5-4）。

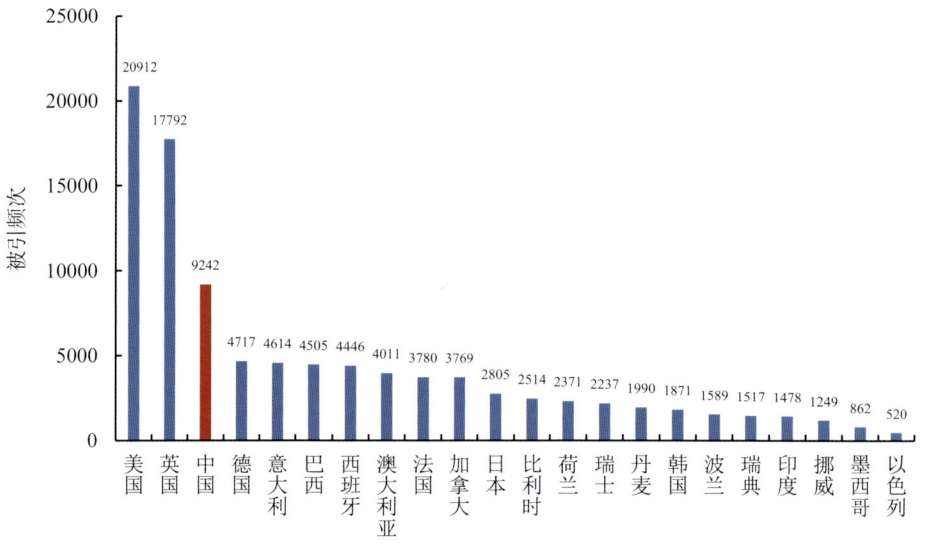

图 2-5-4　2014—2016 年 22 国兽医学领域论文总被引频次统计

该学科的学科规范化的引文影响力丹麦第一，其次是挪威、荷兰、瑞典、瑞士等。中国排第八位，美国排第十五位（图 2-5-5）。

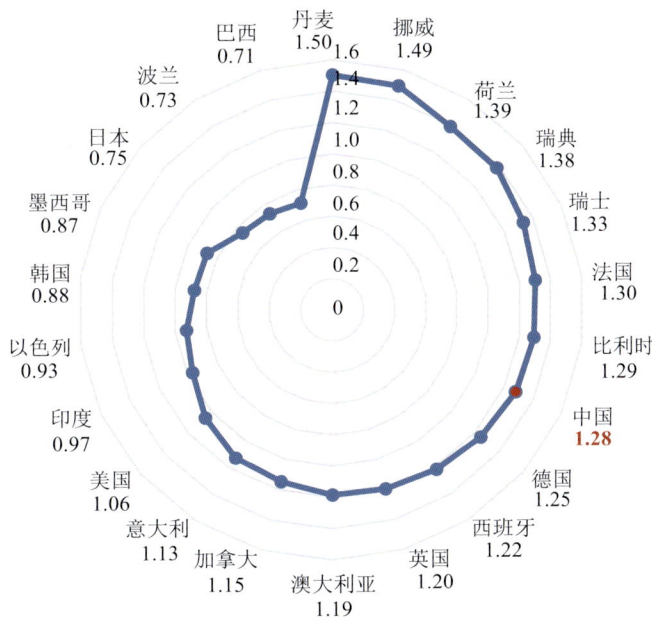

图 2-5-5　2014—2016 年 22 国兽医学领域论文学科规范化的引文影响力

2.5.3　科研发展力

22 国该学科高被引论文总量 126 篇，美国第一，其他是英国、中国、意大利、加拿大、巴西和德国等（图 2-5-6）。

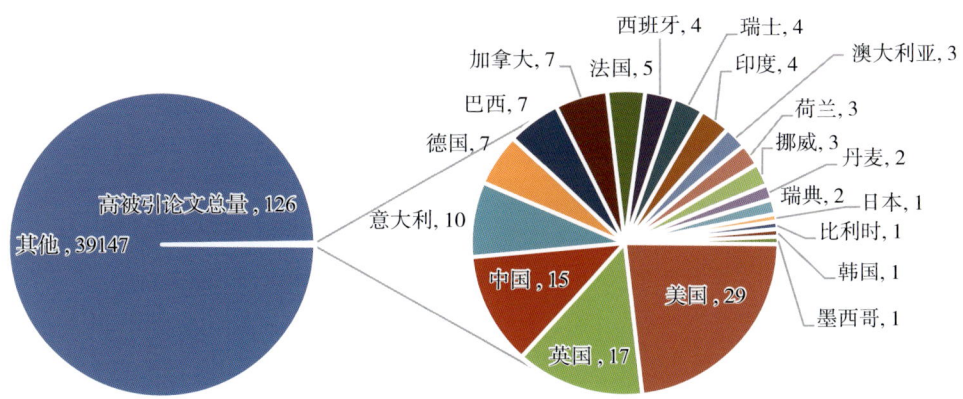

图 2-5-6　2014—2016 年 22 国兽医学领域论文中高被引论文总量国别分布（单位：篇）

该学科 Q1 期刊论文中美国第一，其次是英国、中国、西班牙、意大利、德国、巴西和法国等（图 2-5-7）。

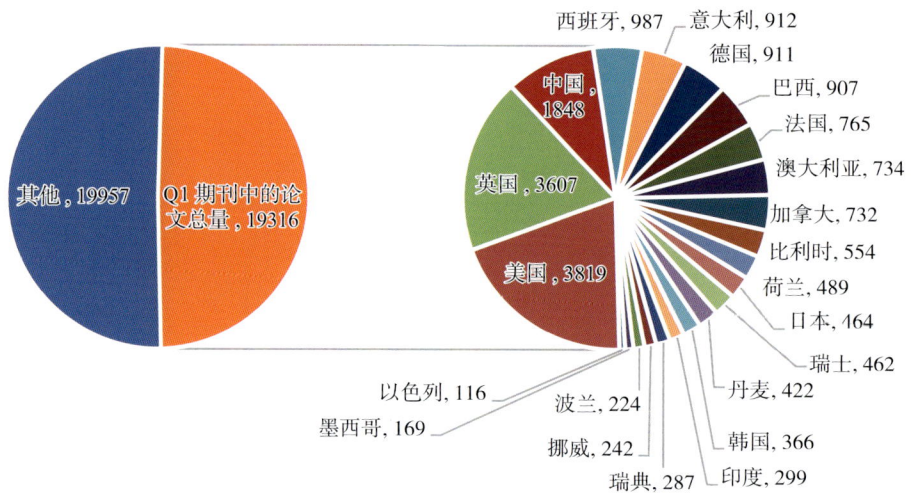

图 2-5-7　2014—2016 年 22 国兽医学领域论文中 Q1 期刊论文量国别分布（单位：篇）

2014年、2015年和2016年我国该学科Q1期刊论文量分别为498篇、644篇和706篇（图2-5-8）。

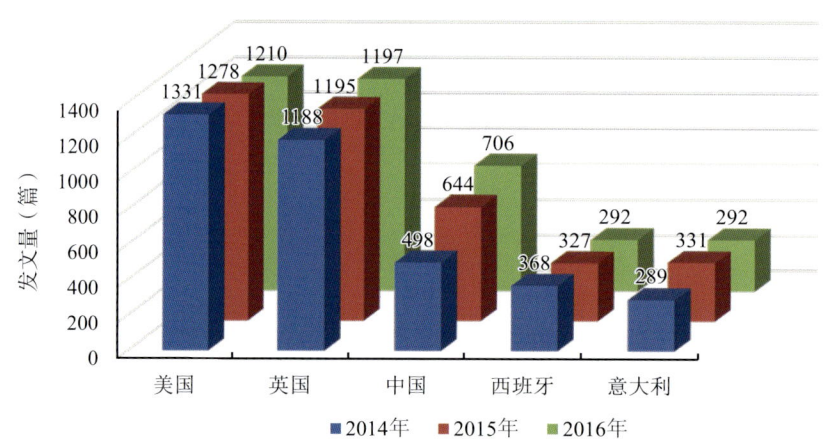

图 2-5-8　兽医学领域排名前 5 位国家的 Q1 期刊中的论文量年代分布

2.5.4　国际合作力

从全球该学科国际合作论文总量国别分布来看，合作论文量英国排名第一，其次是美国、德国、加拿大、意大利和西班牙。中国排第十二位（图2-5-9）。

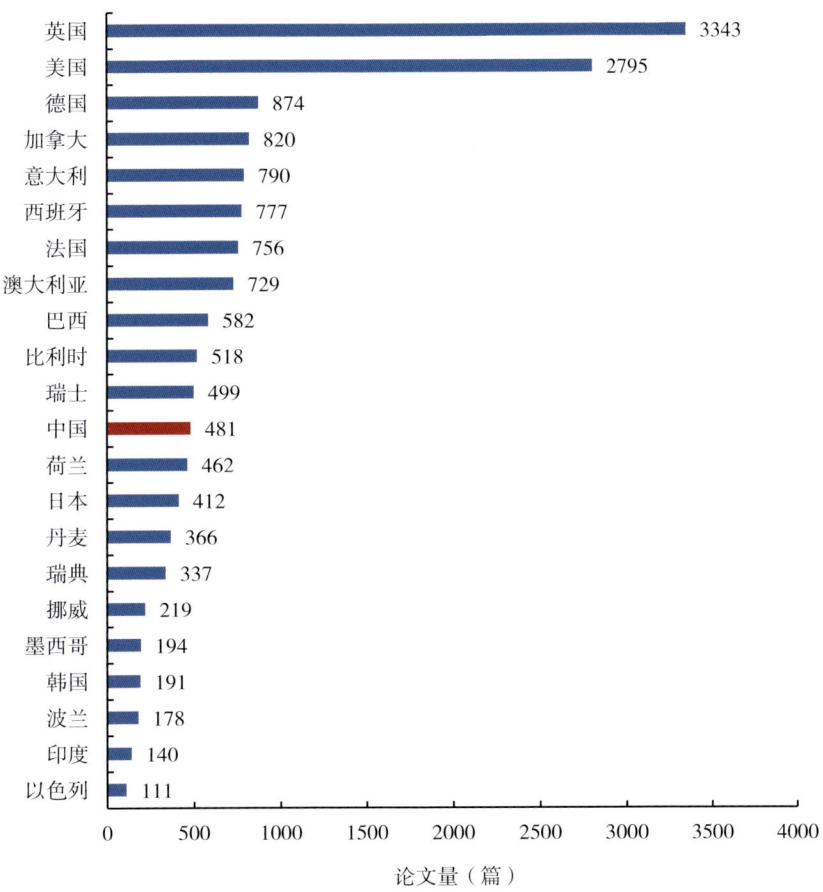

图 2-5-9　2014—2016 年 22 国兽医学领域国际合作论文总量国别分布

2014 年、2015 年和 2016 年我国该学科合作论文量分别为 139 篇、162 篇和 180 篇（图 2-5-10）。

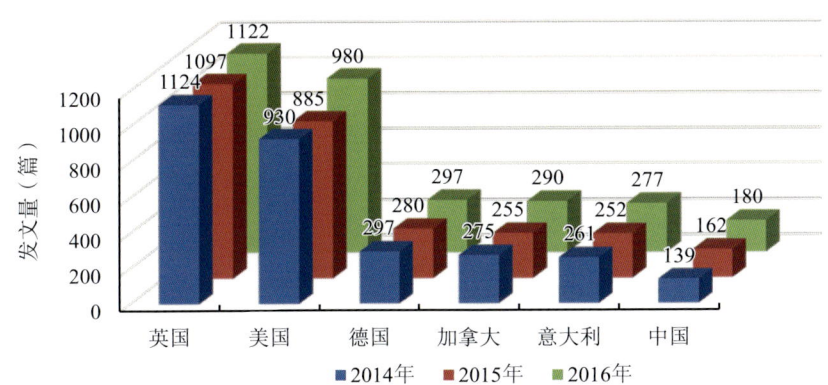

图 2-5-10　兽医学领域国际合作论文发文量排名前 5 位国家的国际合作论文发文量年代分布

2015 年和 2016 年我国该学科合作论文量都较前一年有所增长。2014 年较前一年有下降。合作论文排名前 5 位的国家各年合作论文量也都有增有减（图 2-5-11）。

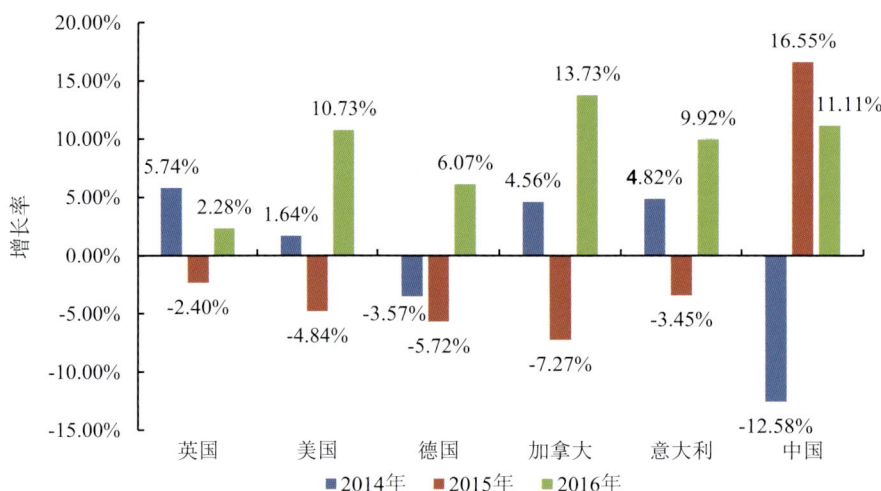

图 2-5-11　兽医学领域国际合作论文量排名前 5 位国家的各年国际合作论文增长率

该学科与我国合作最多的国家依次是美国、英国、日本、澳大利亚、加拿大和法国等（图 2-5-12）。

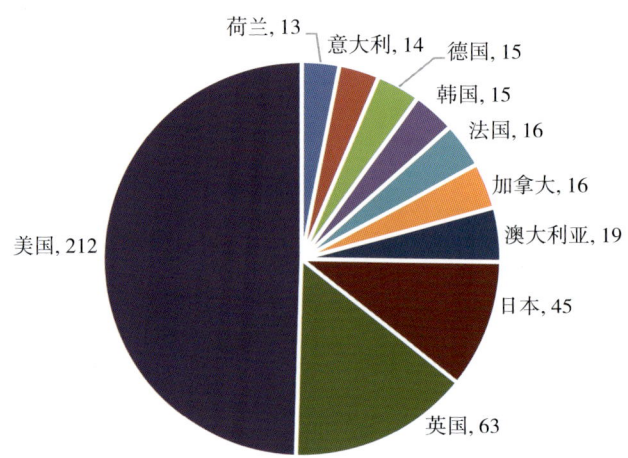

图 2-5-12　兽医学领域与中国合作论文量排名前 10 位的国家及论文量（单位：篇）

2.5.5 该学科代表性机构

（1）该学科全球代表性机构

全球综合指标排名前 10 的机构依次是美国的加利福尼亚大学、英国的伦敦大学、美国农业部、比利时的根特大学、加拿大的圭尔夫大学、巴西的圣保罗州立大学、美国的科罗拉多州立大学、美国的北卡罗来纳州立大学、法国农业科学院和美国的佐治亚大学（图2-5-13）。

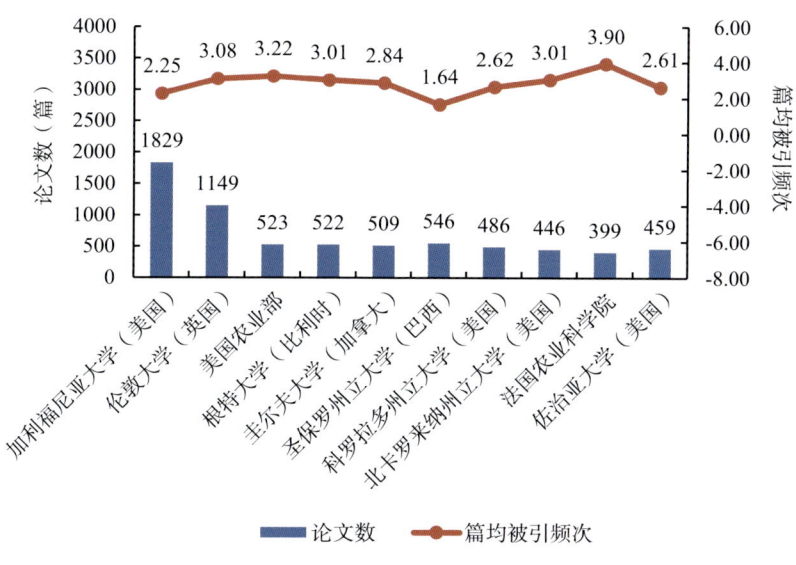

图 2-5-13　兽医学领域全球代表性机构

（2）该学科中国代表性机构

中国综合指标排名前 10 位的机构依次是中国科学院、中国农业科学院、中国水产科学研究院、南京农业大学、四川农业大学、西北农林科技大学、中国农业大学、华南农业大学、华中农业大学和中山大学（图 2-5-14）。

2.6　农业、乳品和动物科学领域论文竞争力分析

2.6.1　科研生产力

22 国该学科论文总量 20361 篇，美国排名第一，中国发文量位列第二名。其后为印度、巴西和英国（图 2-6-1）。

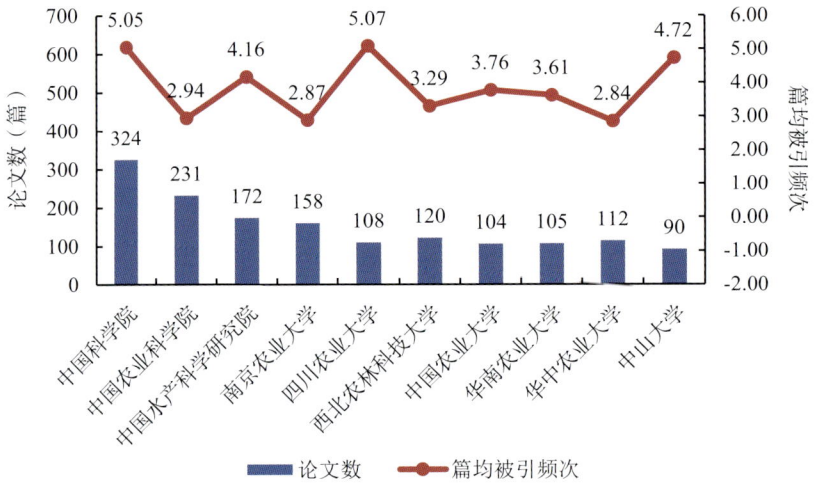

图 2-5-14　兽医学领域中国代表性机构

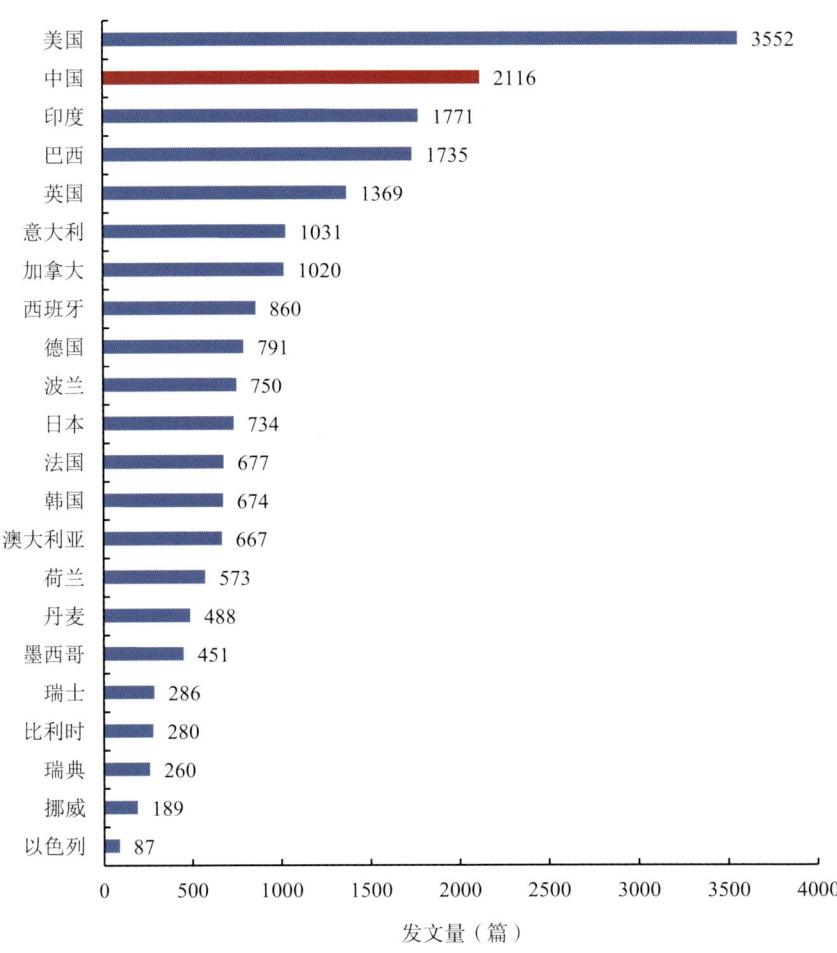

图 2-6-1　2014—2016 年农业、乳品和动物科学领域论文总发文量国别分布

我国 2014 年、2015 年和 2016 年该学科每年发文量分别为 605 篇、699 篇和 812 篇（图 2-6-2）。

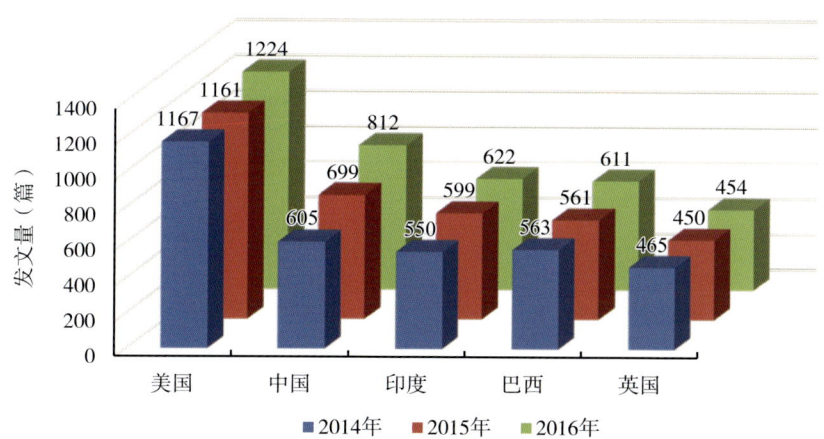

图 2-6-2　农业、乳品和动物科学领域排名前 5 位国家的论文发文量年代分布

我国该学科各年的发文量较前一年均有所上涨，其中 2016 年涨幅最高，为 16.17%。发文量排名前 5 位的国家，其发文量每年都有增有减（图 2-6-3）。

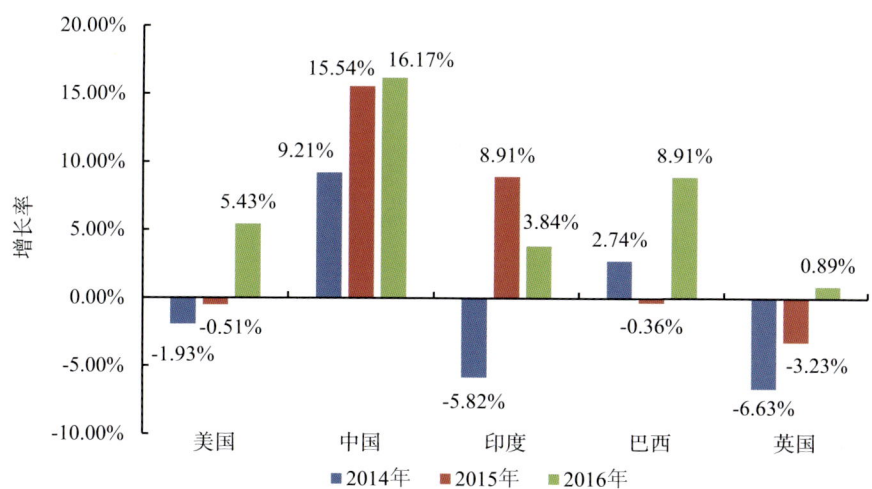

图 2-6-3　农业、乳品和动物科学领域总发文量排名前 5 位国家的各年论文增长率

2.6.2　科研影响力

22 国该学科总被引频次 54820，美国占据总被引频次第一位，中国第二，英国、巴西和加拿大排第三、第四、第五位（图 2-6-4）。

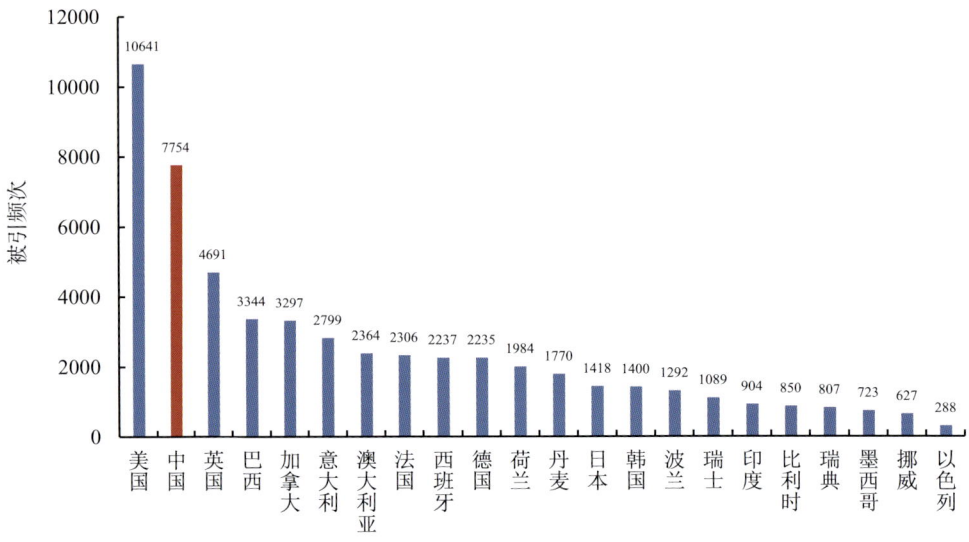

图 2-6-4　2014—2016 年 22 国农业、乳品和动物科学领域论文总被引频次统计

该学科的学科规范化引文影响力美国排名第一，印度第二，中国排名第十五。与论文总量相比，中国在学科规范化的引文影响力指标的排名稍显靠后（图 2-6-5）。

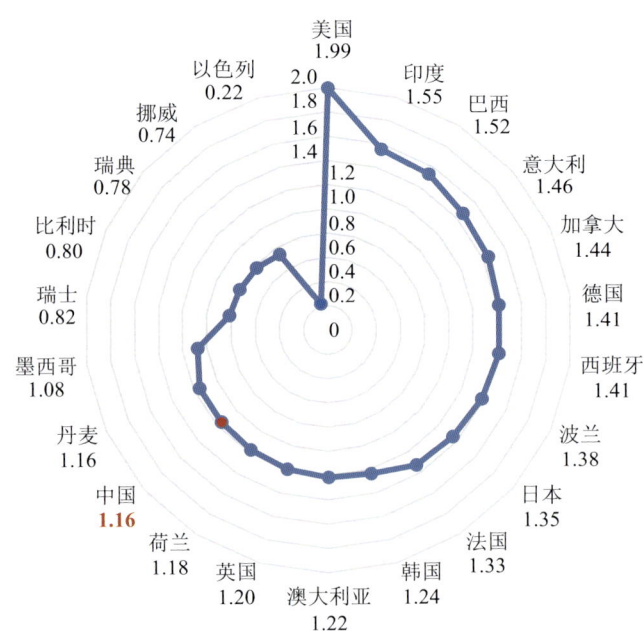

图 2-6-5　2014—2016 年 22 国农业、乳品和动物科学领域论文学科规范化的引文影响力

2.6.3 科研发展力

22国该学科高被引论文总量46篇，美国排名第一，有10篇。巴西排名第二，有6篇，加拿大和法国并列第三，各有4篇。中国在该研究领域有1篇高被引论文（图2-6-6）。

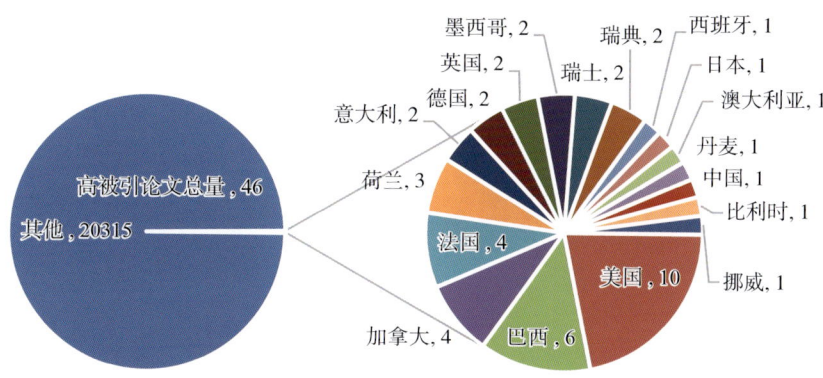

图 2-6-6　2014—2016年22国农业、乳品和动物科学领域论文中高被引论文总量国别分布（单位：篇）

该学科Q1期刊中的论文总量美国排名第一，有2845篇，中国排名第二，有1013篇（图2-6-7）。

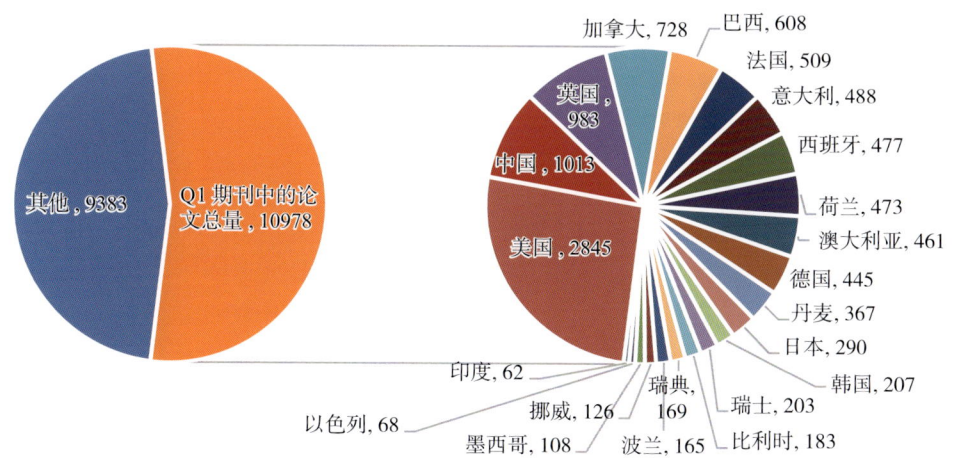

图 2-6-7　2014—2016年22国农业、乳品和动物科学领域论文中Q1期刊论文量国别分布（单位：篇）

2014年、2015年和2016年中国该学科的Q1期刊中的论文量分别为272篇、330篇和411篇（图2-6-8）。

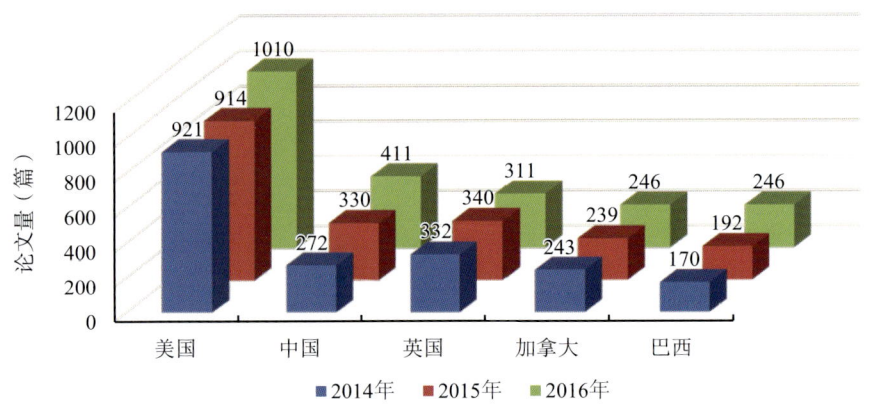

图 2-6-8　农业、乳品和动物科学领域排名前 5 国家的 Q1 期刊中的论文量年代分布

2.6.4　国际合作力

从全球该学科国际合作论文总量国别分布来看，国际合作论文总量美国排名第一，英国第二。加拿大、巴西和中国排名第三、第四和第五（图 2-6-9）。

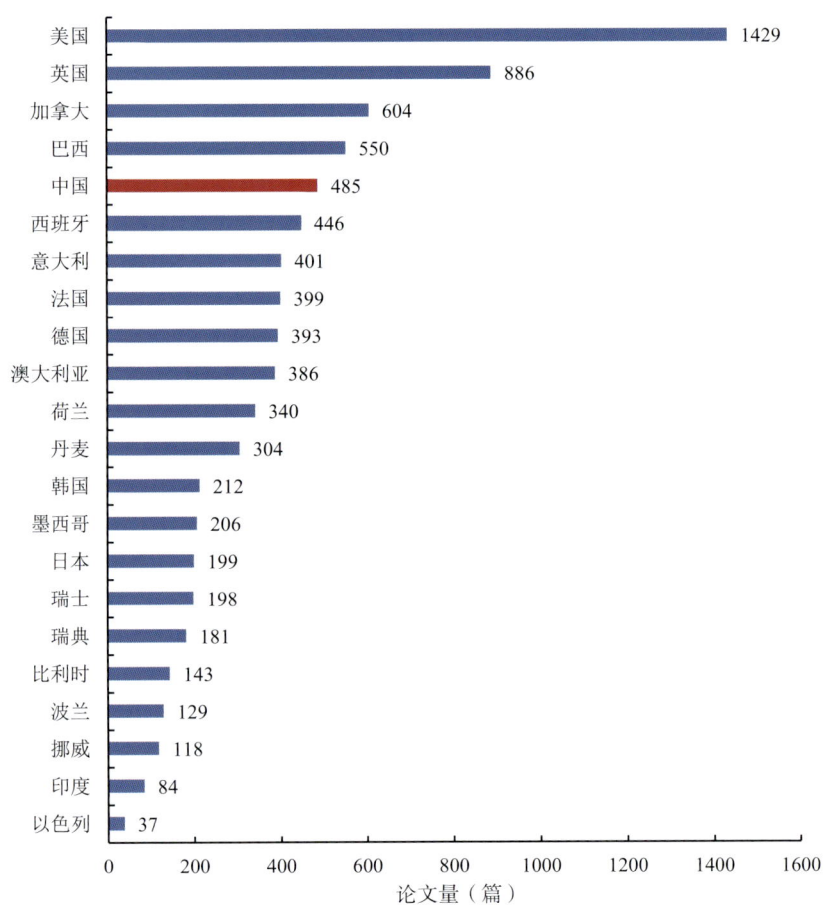

图 2-6-9　2014—2016 年 22 国农业、乳品和动物科学领域国际合作论文总量国别分布

2014年、2015年和2016年中国该学科的国际合作论文量分别为125篇、176篇和184篇（图2-6-10）。

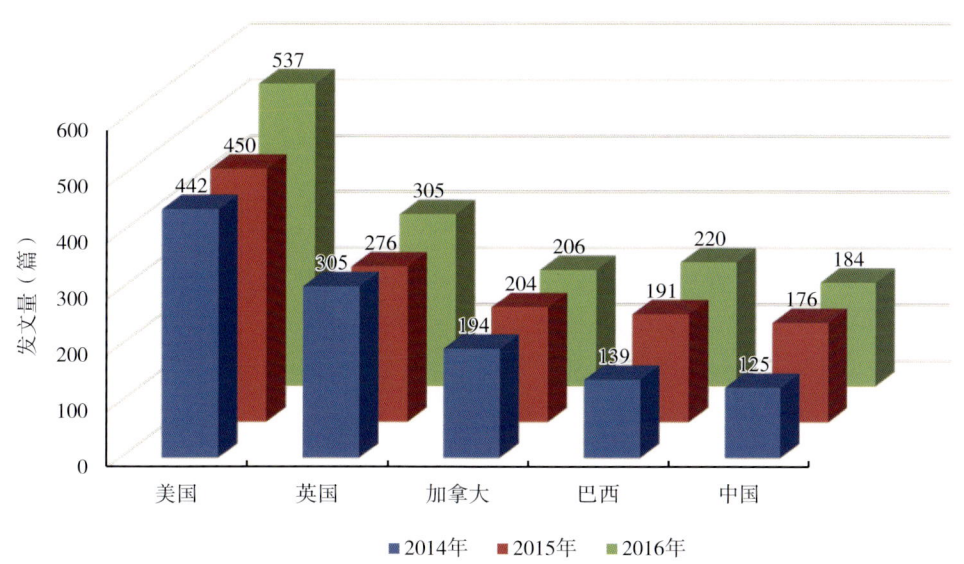

图 2-6-10　农业、乳品和动物科学领域国际合作论文发文量排名前 5 位国家的国际合作论文发文量年代分布

2014年、2015年和2016年，加拿大、巴西和我国该学科发表的国际合作论文量均呈现增长趋势，我国2015年增长尤为显著。其他国家每年的国际合作论文相比前一年有增有减（图2-6-11）。

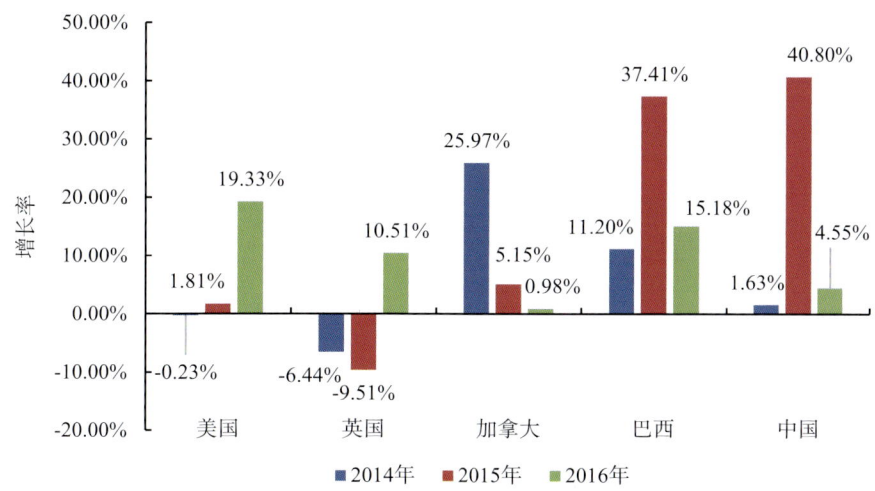

图 2-6-11　农业、乳品和动物科学领域国际合作论文量排名前 5 位国家的各年国际合作论文增长率

该学科与中国合作最多的是美国，其次是加拿大、韩国、日本和英国等（图 2-6-12）。

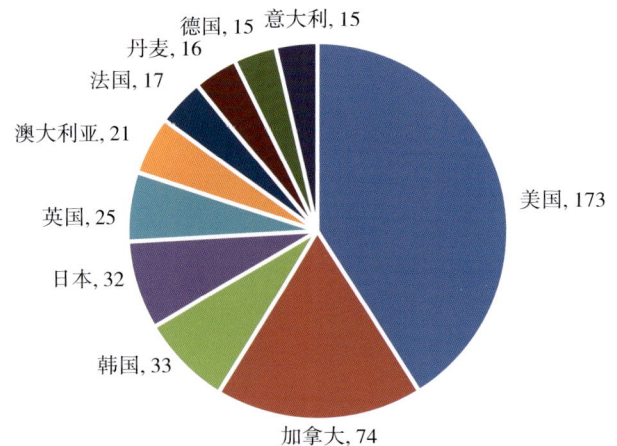

图 2-6-12　农业、乳品和动物科学领域与中国合作论文量排名前 10 位的国家及论文量（单位：篇）

2.6.5　该学科代表性机构

（1）该学科全球代表性机构

全球综合指标排名前 10 位的机构依次是美国的伊利诺伊大学、法国农业科学院、美国的威斯康星大学、美国农业部、荷兰的瓦赫宁根大学、丹麦的奥胡斯大学、巴西的圣保罗州立大学、加拿大农业部、中国农业大学和加拿大的圭尔夫大学（图 2-6-13）。

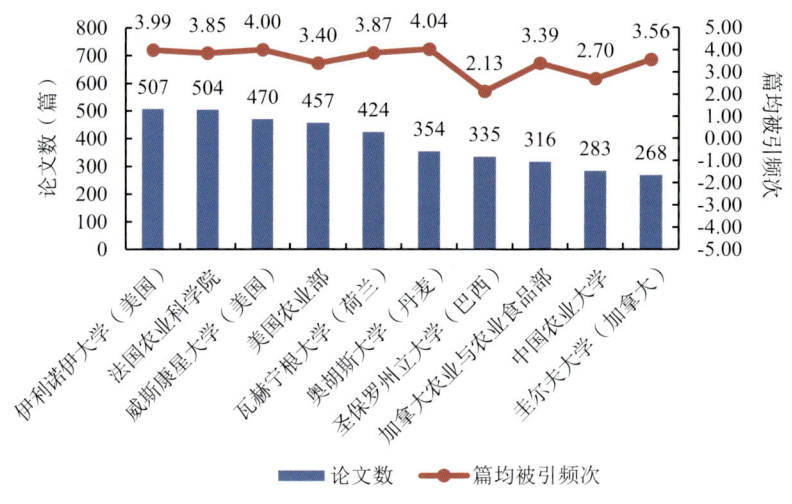

图 2-6-13　农业、乳品和动物科学领域全球代表性机构

（2）该学科中国代表性机构

我国综合指标排名前 10 位的机构依次是中国农业大学、中国农业科学院、南京农业大学、西北农林科技大学、四川农业大学、中国科学院、浙江大学、东北农业大学、内蒙古农业大学和山东农业大学（图 2-6-14）。

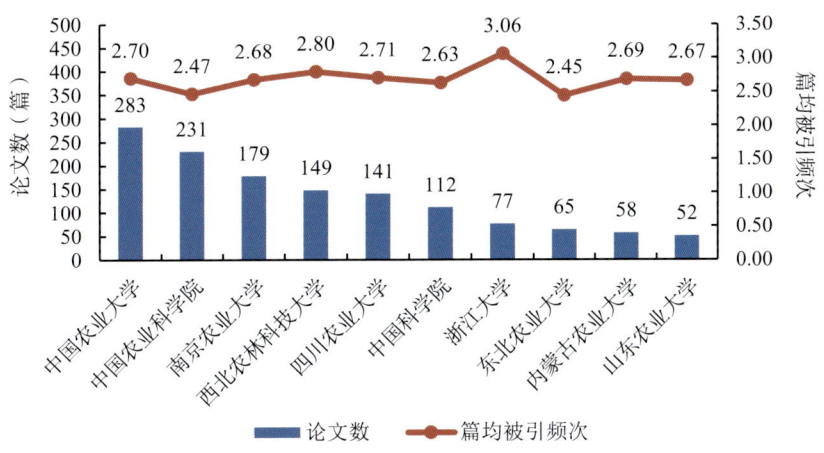

图 2-6-14　农业、乳品和动物科学领域中国代表性机构

2.7　渔业学领域论文竞争力分析

2.7.1　科研生产力

22 国该学科论文总量 16180 篇，美国在该领域的论文总量排名第一，随后是中国、英国、澳大利亚、加拿大和巴西等（图 2-7-1）。

2014 年、2015 年和 2016 年我国该学科论文量依次是 665 篇、872 篇和 1059 篇（图 2-7-2）。

2014 年至 2016 年美国、澳大利亚该学科论文量呈现各年增长趋势。中国 2015 年和 2016 年该学科发文量较前一年有增长，2014 年较前一年略有下降（图 2-7-3）。

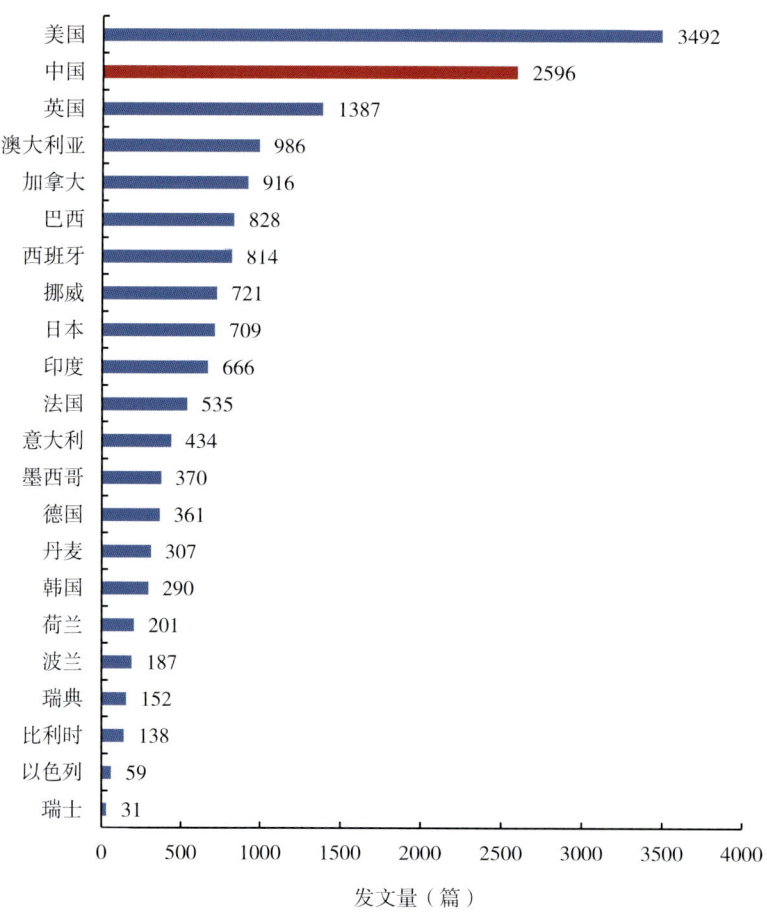

图 2-7-1　2014—2016 年渔业学领域论文总发文量国别分布

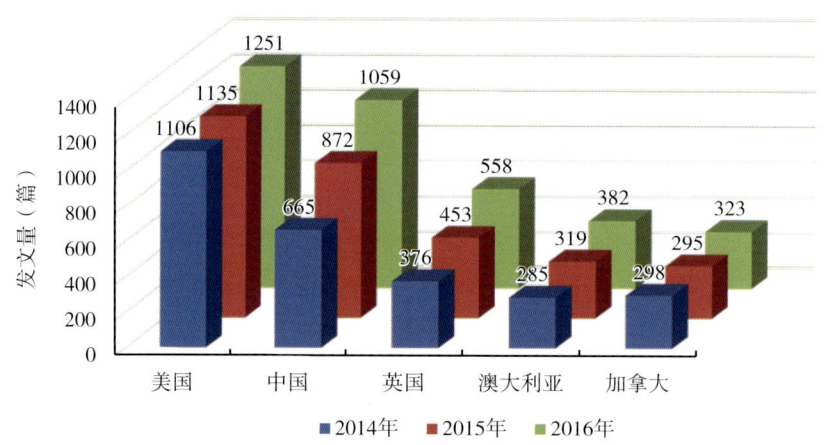

图 2-7-2　渔业学领域排名前 5 位国家的论文发文量年代分布

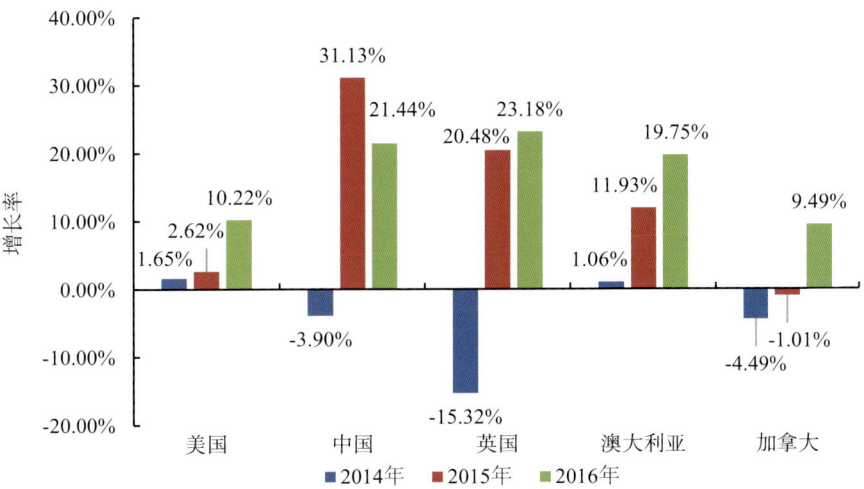

图 2-7-3　渔业学领域总发文量排名前 5 位国家的各年论文增长率

2.7.2　科研影响力

22 国该学科总被引频次 55800，美国在该领域的总被引频次排名第一，其次是中国、英国、澳大利亚、加拿大和西班牙（图 2-7-4）。

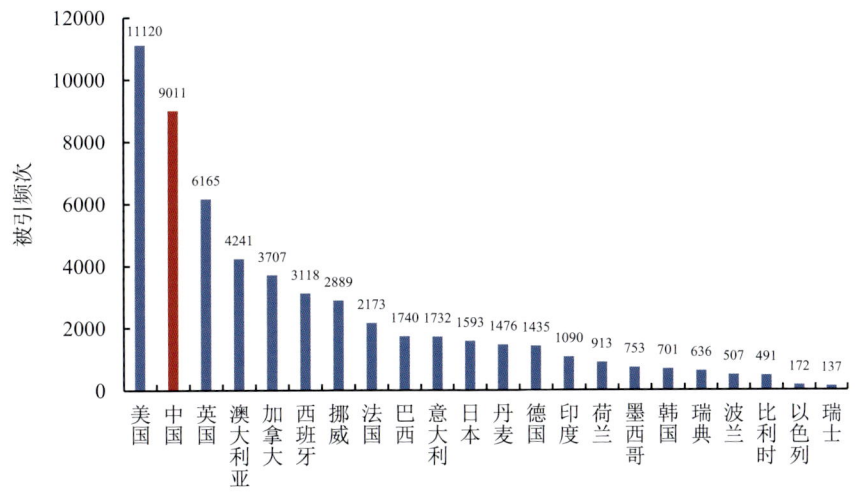

图 2-7-4　2014—2016 年 22 国渔业学领域论文总被引频次统计

该领域学科规范化的引文影响力排名丹麦第一，英国第二，荷兰、瑞典和瑞士紧随其后。中国排名第十四，美国排名第十五（图 2-7-5）。

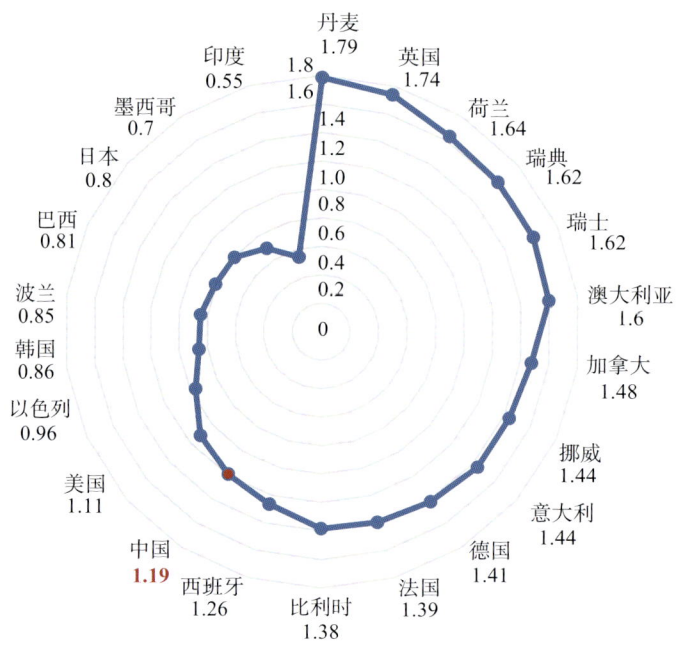

图 2-7-5　2014—2016 年 22 国渔业学领域论文学科规范化的引文影响力

2.7.3　科研发展力

22 国该学科高被引论文量 209 篇，英国第一，其后依次是美国、澳大利亚、加拿大等。中国和挪威并列排名第五（图 2-7-6）。

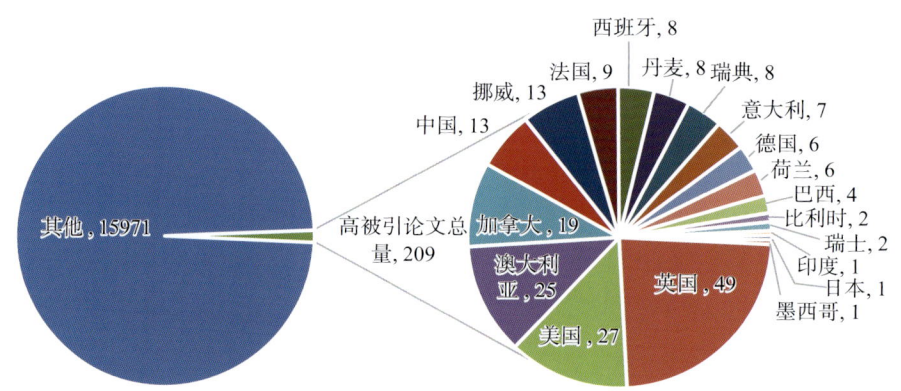

图 2-7-6　2014—2016 年 22 国渔业学领域论文中高被引论文总量国别分布（单位：篇）

该学科 Q1 期刊论文量美国第一，其次是中国、英国、加拿大、澳大利亚等（图 2-7-7）。

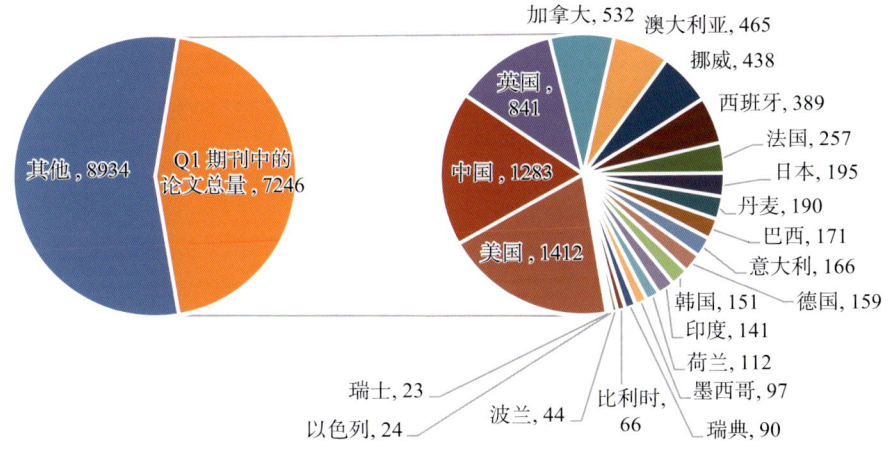

图 2-7-7 2014—2016 年 22 国渔业学领域论文中 Q1 期刊论文量国别分布（单位：篇）

2014 年、2015 年和 2016 年，我国该学科 Q1 期刊论文量依次是 344 篇、365 篇和 574 篇，呈现增长趋势（图 2-7-8）。

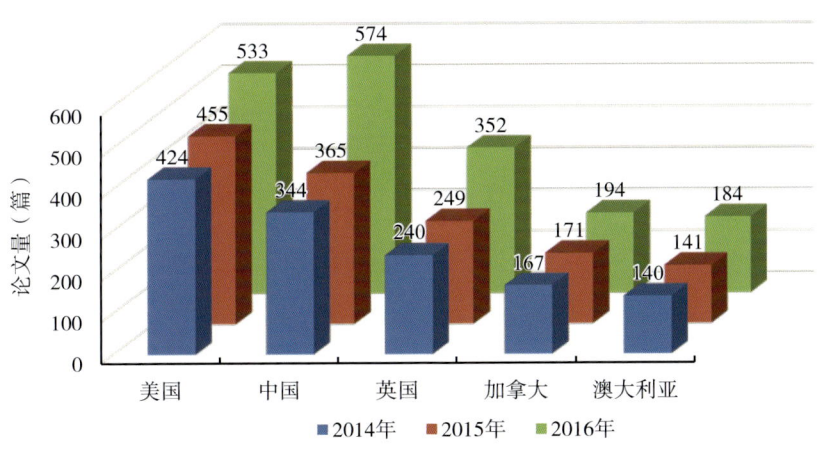

图 2-7-8 渔业学领域排名前 5 位国家的 Q1 期刊中的论文量年代分布

2.7.4 国际合作力

从全球该学科国际合作论文总量国别分布来看，美国在该领域的国际合作论文量第一，其次是英国。加拿大、澳大利亚和西班牙位列第三、第四和第五。中国排名第七（图 2-7-9）。

2014 年、2015 年和 2016 年我国该学科国际合作论文量依次是 99 篇、151 篇和 172 篇（图 2-7-10）。

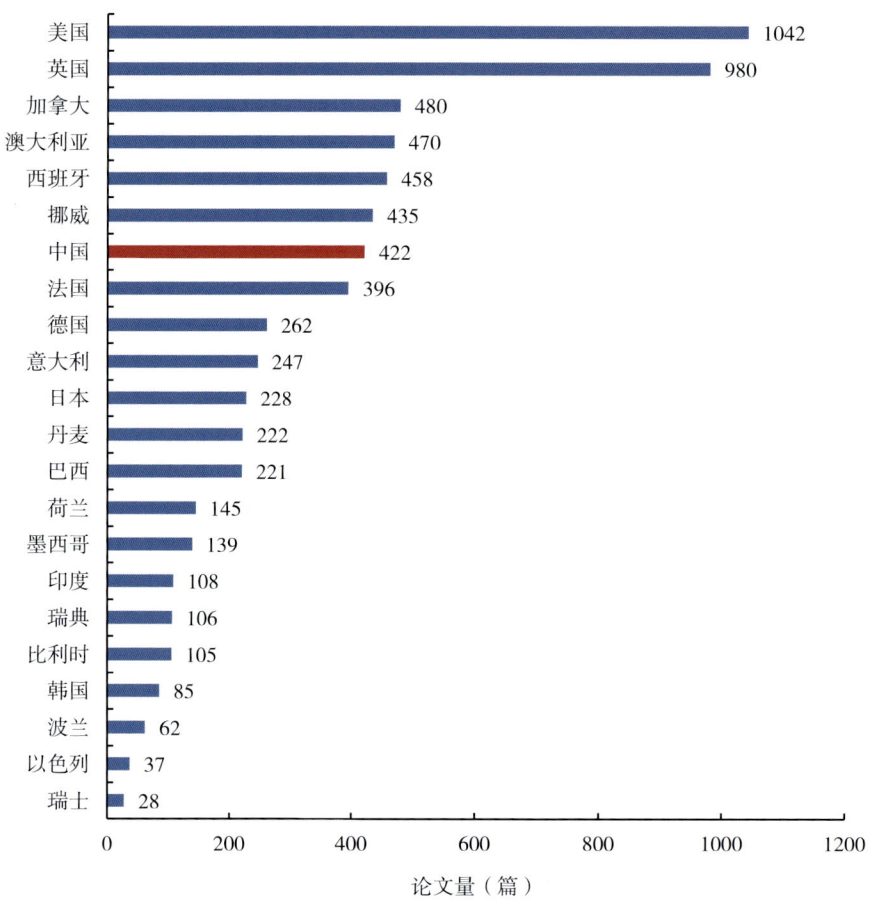

图 2-7-9　2014—2016 年 22 国渔业学领域国际合作论文总量国别分布

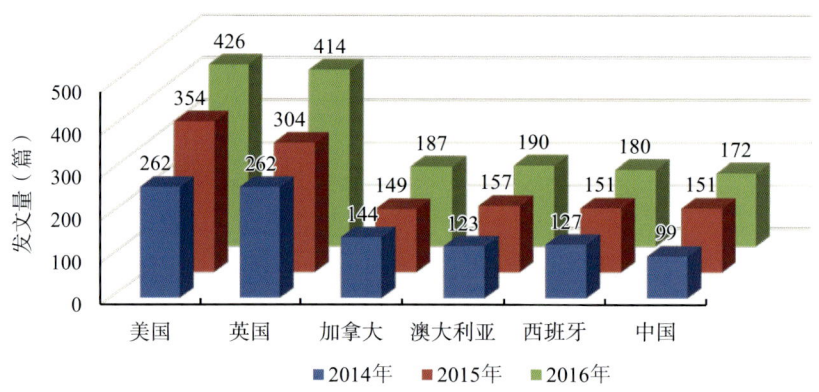

图 2-7-10　渔业学领域国际合作论文发文量排名前 5 位国家的国际合作论文发文量年代分布

我国 2015 年和 2016 年国际合作论文量较前一年有增长，2014 年较前一年略有下降。近 3 年，只有澳大利亚逐年增长，其他 4 个排名靠前的国家各年也都有增有减（图 2-7-11）。

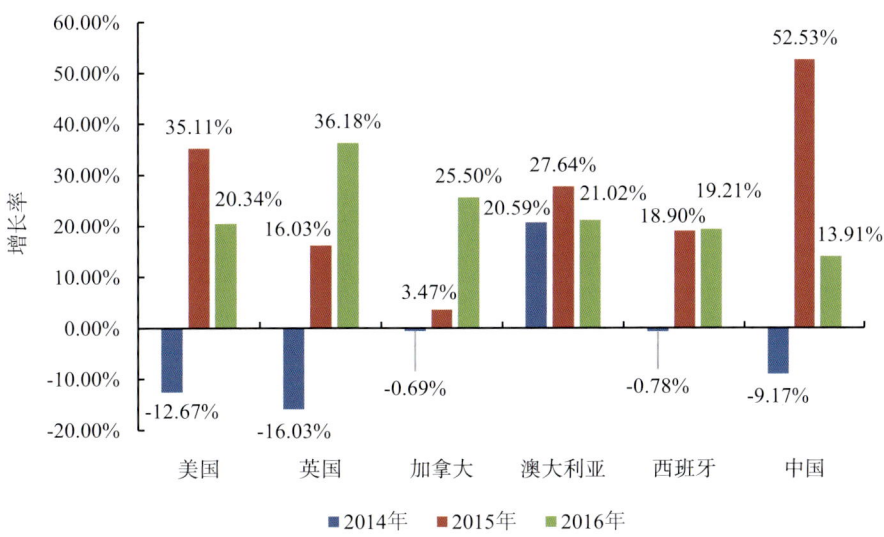

图 2-7-11 渔业学领域国际合作论文量排名前 5 位国家的各年国际合作论文增长率

该学科与我国合作最多的是美国，其次是澳大利亚、英国、日本和法国等（图 2-7-12）。

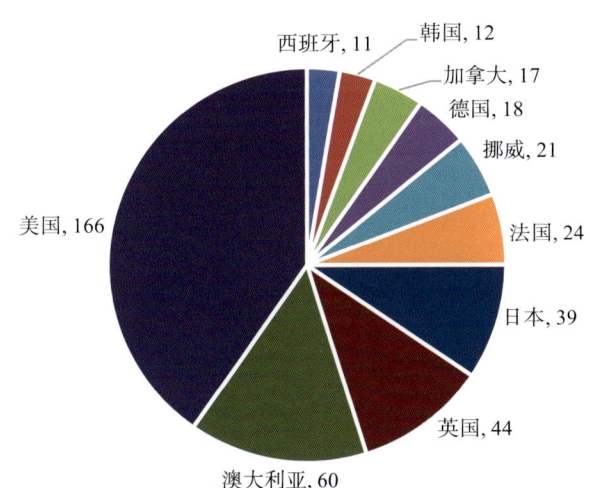

图 2-7-12 渔业学领域与中国合作论文量排名前 10 位的国家及论文量（单位：篇）

2.7.5 该学科代表性机构

（1）该学科全球代表性机构

全球综合指标排名前10的机构依次是美国国家海洋与大气管理局、中国科学院、中国水产科学研究院、美国的华盛顿大学、美国地质调查局、加拿大渔业与海洋部、中国海洋大学、澳大利亚联邦科学与工业研究组织、挪威海洋研究所和美国的加利福尼亚大学（图2-7-13）。

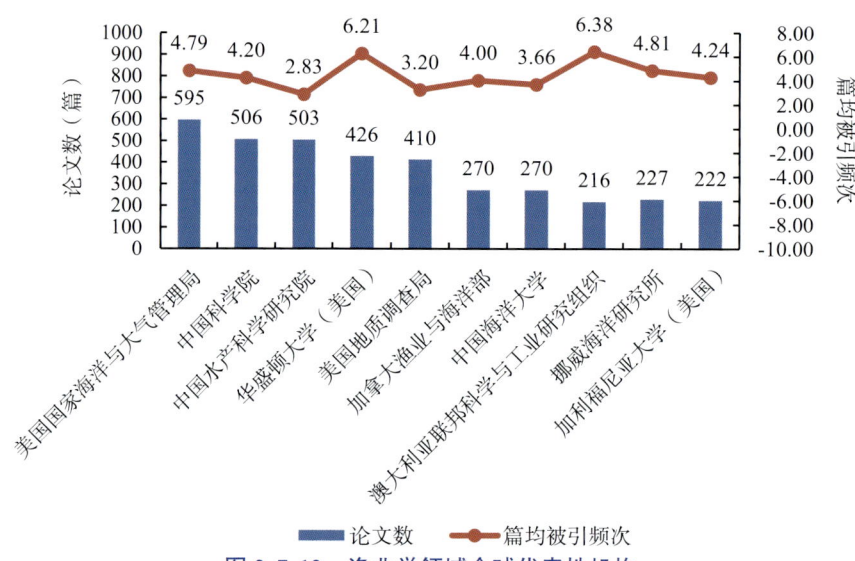

图 2-7-13　渔业学领域全球代表性机构

（2）该学科中国代表性机构

我国综合指标排名前10的机构依次是中国科学院、中国水产科学研究院、中国海洋大学、香港大学、四川农业大学、苏州大学、上海海洋大学、中山大学、河南师范大学和华中农业大学（图2-7-14）。

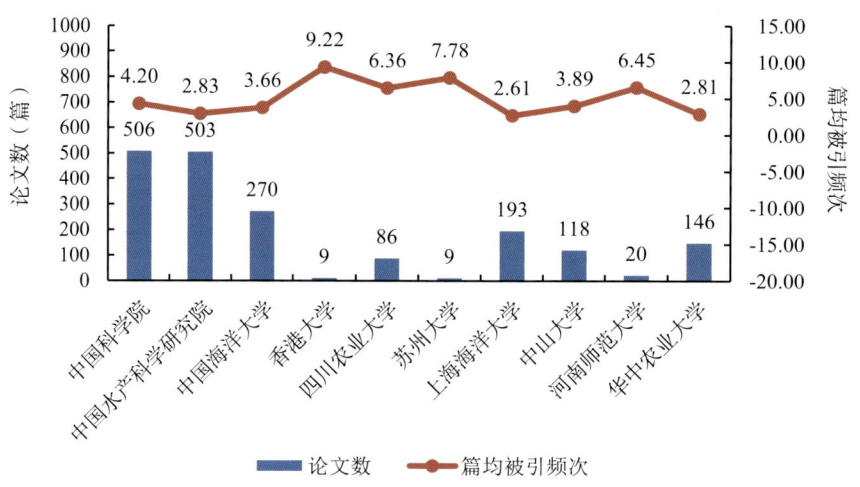

图 2-7-14　渔业学领域中国代表性机构

2.8 林业学领域论文竞争力分析

2.8.1 科研生产力

22 国该学科论文总量 15253 篇，美国论文总量排名第一，其后是中国、加拿大、英国、德国、西班牙和巴西等（图 2-8-1）。

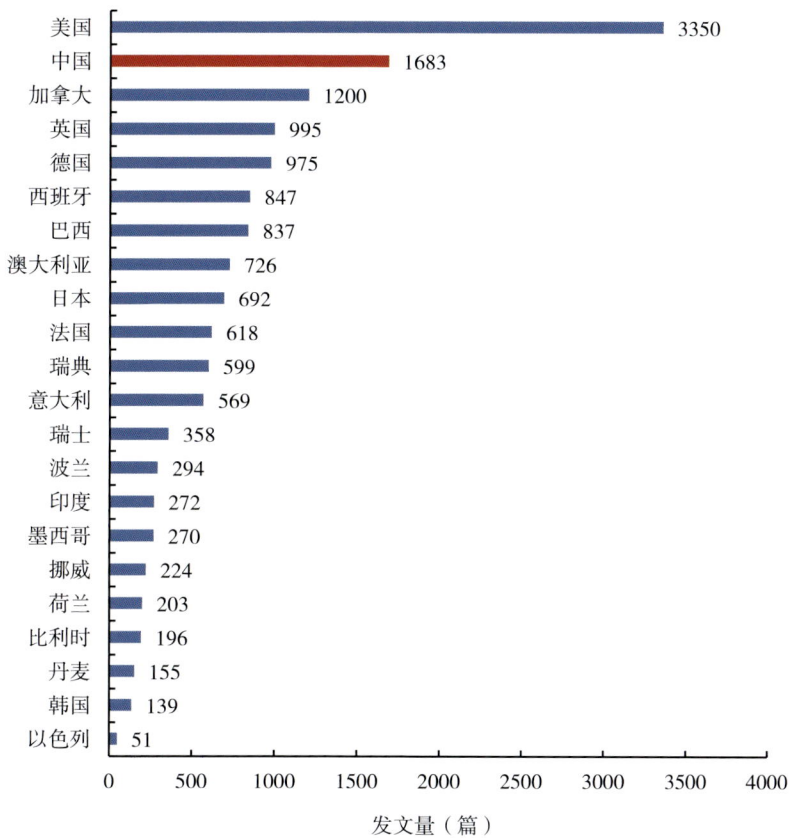

图 2-8-1　2014—2016 年林业学领域论文总发文量国别分布

2014 年、2015 年和 2016 年我国该学科的发文量分别是 442 篇、582 篇和 659 篇（图 2-8-2）。

2014—2016 年，我国与加拿大该学科的发文量呈现逐年增长的趋势。其他国家该学科各年发文量都有增有减（图 2-8-3）。

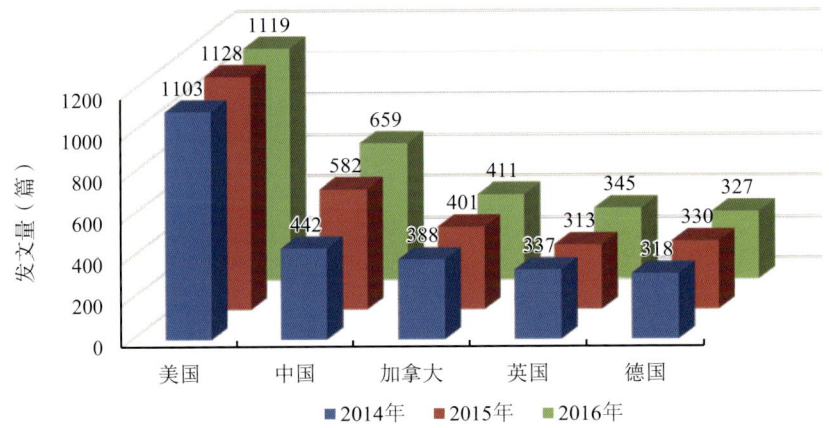

图 2-8-2　林业学领域排名前 5 位国家的论文发文量年代分布

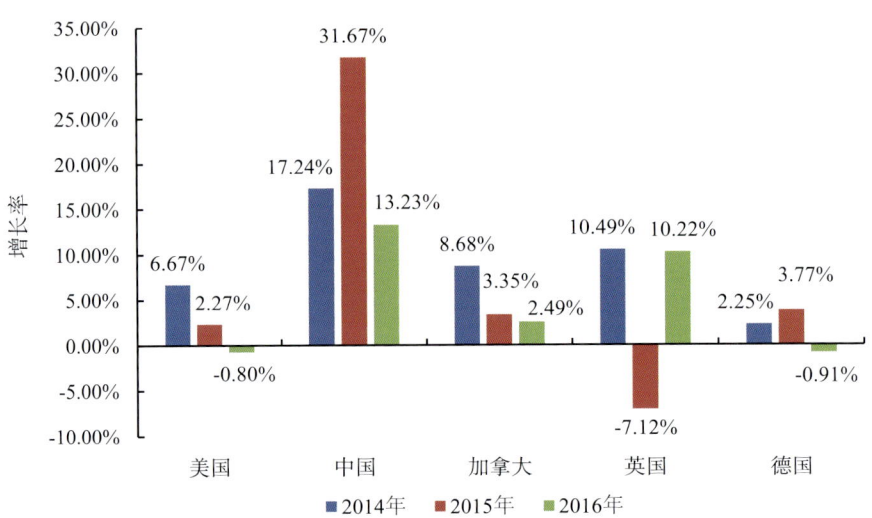

图 2-8-3　林业学领域总发文量排名前 5 位国家的各年论文增长率

2.8.2　科研影响力

22 国该学科总被引频次 55388，美国排名第一，且远远超过排名第二的中国。其次是英国、德国、加拿大、西班牙和澳大利亚等（图 2-8-4）。

该学科的学科规范化的引文影响力荷兰第一，瑞士第二，比利时、英国和意大利紧随其后。中国排名第十六（图 2-8-5）。

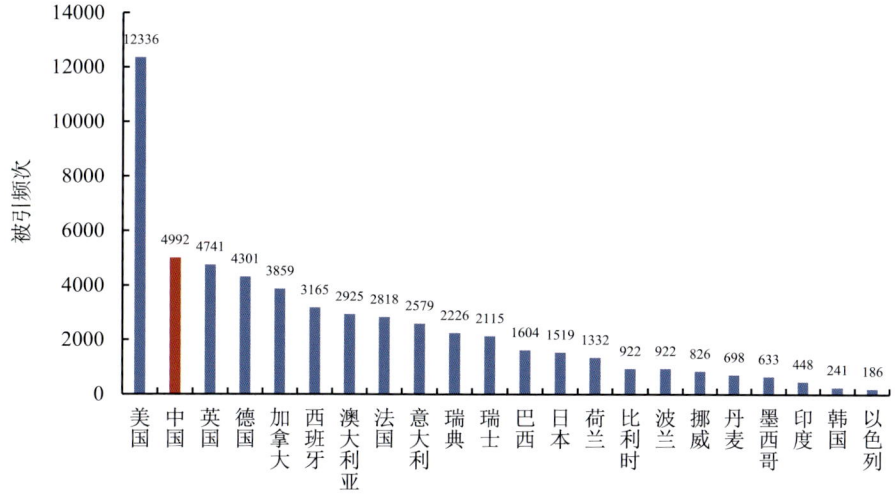

图 2-8-4　2014—2016 年 22 国林业学领域论文总被引频次统计

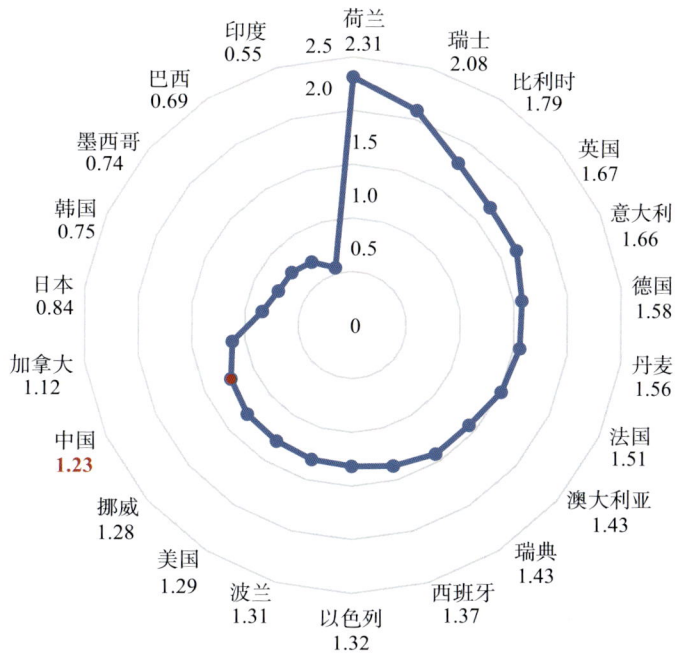

图 2-8-5　2014—2016 年 22 国林业学领域论文学科规范化的引文影响力

2.8.3　科研发展力

22 国该学科高被引论文总量 142 篇，美国第一，其次是英国、德国、中国和意大利等（图 2-8-6）。

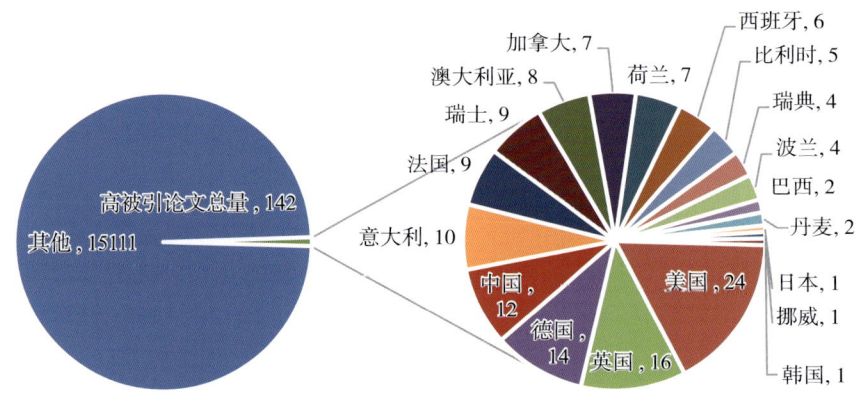

图 2-8-6　2014—2016 年 22 国林业学领域论文中高被引论文总量国别分布（单位：篇）

该学科 Q1 期刊论文量美国第一，其次是中国、英国、加拿大、德国等（图 2-8-7）。

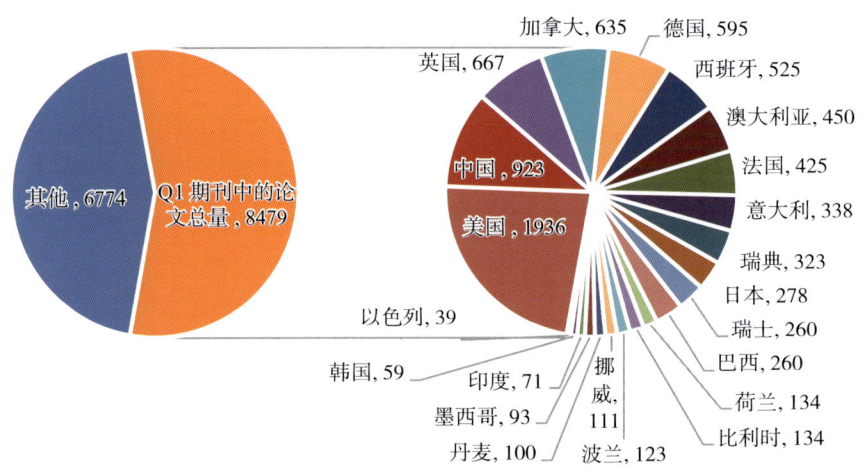

图 2-8-7　2014—2016 年 22 国林业学领域论文中 Q1 期刊论文量国别分布（单位：篇）

2014 年、2015 年和 2016 年我国该学科 Q1 期刊论文量分别是 204 篇、298 篇和 421 篇，呈现增长趋势（图 2-8-8）。

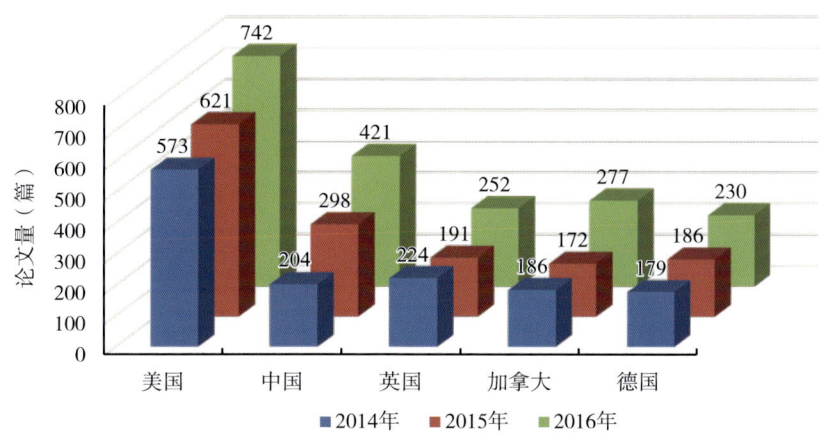

图 2-8-8　林业学领域排名前 5 位国家的 Q1 期刊中的论文量年代分布

2.8.4　国际合作力

从全球该学科国际合作论文总量国别分布来看，美国在该领域的国际合作论文量排名第一，其次是英国。中国排名第三。德国和加拿大位列第四和第五位（图 2-8-9）。

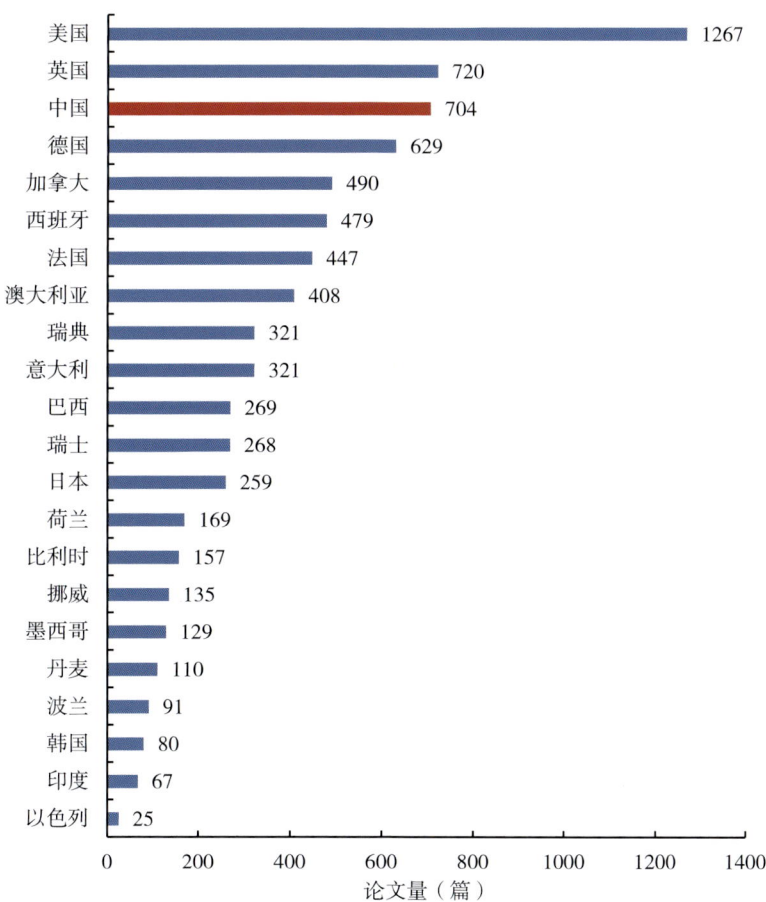

图 2-8-9　2014—2016 年 22 国林业学领域国际合作论文总量国别分布

2014 年、2015 年和 2016 年我国该学科国际合作论文量分别是 175 篇、238 篇和 291 篇，呈现增长趋势（图 2-8-10）。

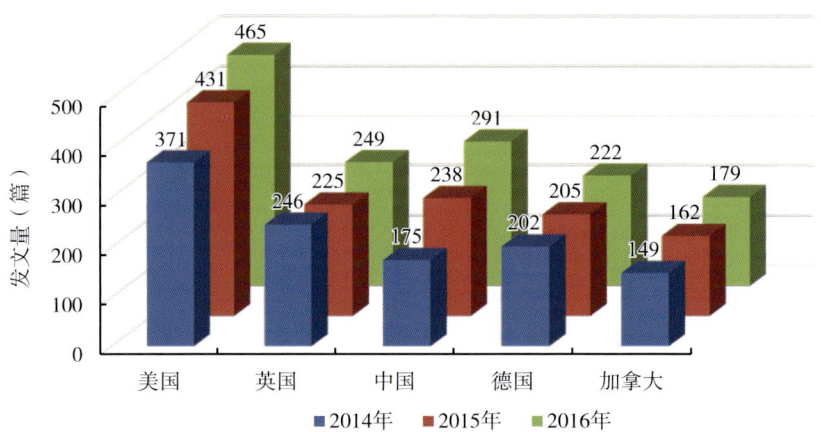

图 2-8-10　林业学领域国际合作论文发文量排名前 5 位国家的国际合作论文发文量年代分布

2014—2016 年，我国和美国、德国、加拿大都呈现该学科国际合作论文逐年增长趋势。英国 2015 年较前一年合作论文量略有下降（图 2-8-11）。

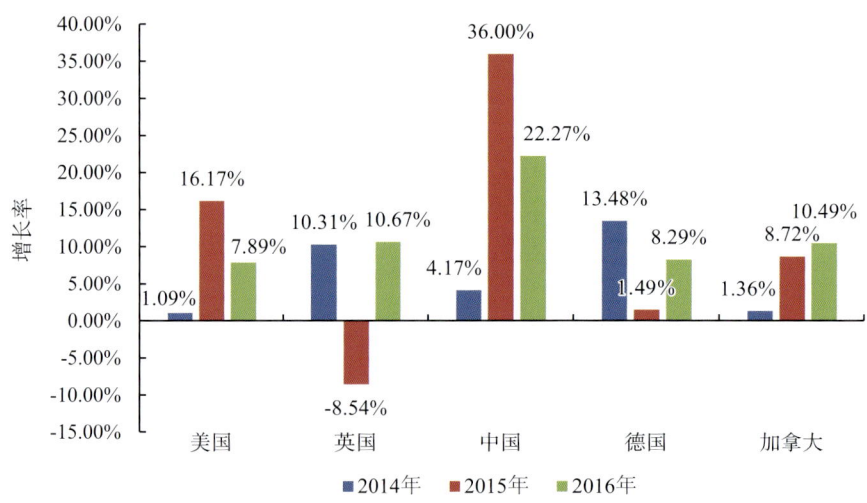

图 2-8-11　林业学领域国际合作论文量排名前 5 位国家的各年国际合作论文增长率

该学科与我国合作最多的是美国，其次是加拿大、德国、澳大利亚、日本等（图 2-8-12）。

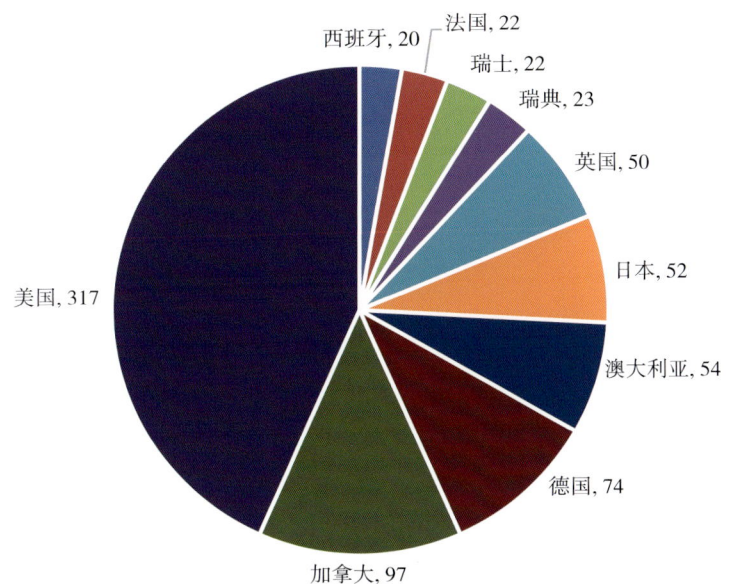

图 2-8-12　林业学领域与我国合作论文量排名前十的国家及论文量（单位：篇）

2.8.5　该学科代表性机构

（1）该学科全球代表性机构

全球综合指标排名前 10 位的机构依次是美国农业部、美国森林管理局、中国科学院、瑞典农业科学大学、法国农业科学院、美国的俄勒冈大学、美国的加利福尼亚大学、加拿大林务局、加拿大的不列颠哥伦比亚大学和瑞士联邦森林、雪与景观研究所（图 2-8-13）。

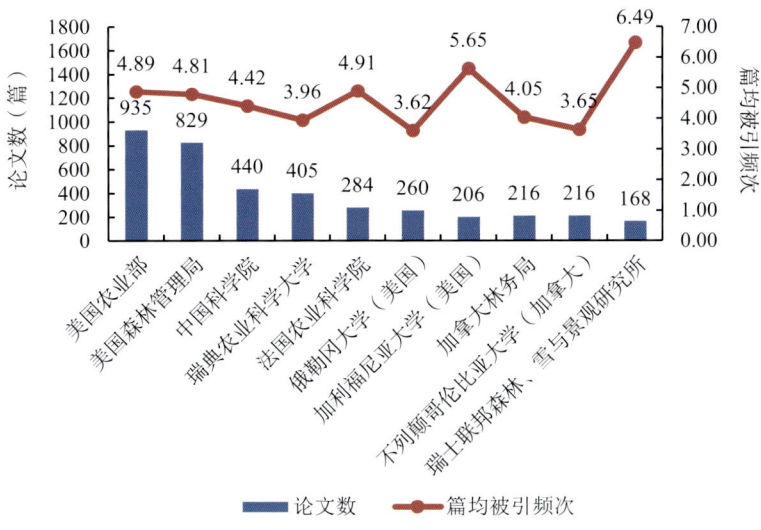

图 2-8-13　林业学领域全球代表性机构

（2）该学科中国代表性机构

我国综合指标排名前 10 位的机构依次是中国科学院、北京林业大学、中国林业科学研究院、东北林业大学、南京大学、北京师范大学、西北农林科技大学、北京大学、中国农业大学和中国气象局（图 2-8-14）。

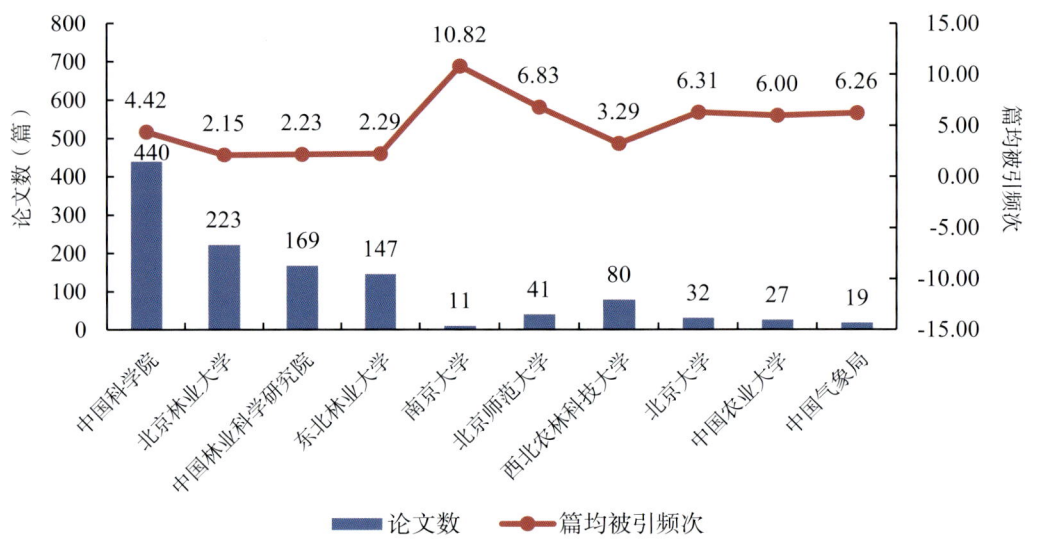

图 2-8-14　林业学领域中国代表性机构

2.9　基因和遗传学领域论文竞争力分析

2.9.1　科研生产力

22 国该学科论文总量 830 篇，美国在该领域的论文总量排名第一，其后是中国、英国、澳大利亚、法国和荷兰等（图 2-9-1）。

2014 年、2015 年和 2016 年我国该学科论文量依次是 30 篇、40 篇和 36 篇（图 2-9-2）。

2014 年和 2015 年我国该学科发文量较前一年有所增长，2016 年略有下降（图 2-9-3）。

2 全球农业科技论文竞争力分析

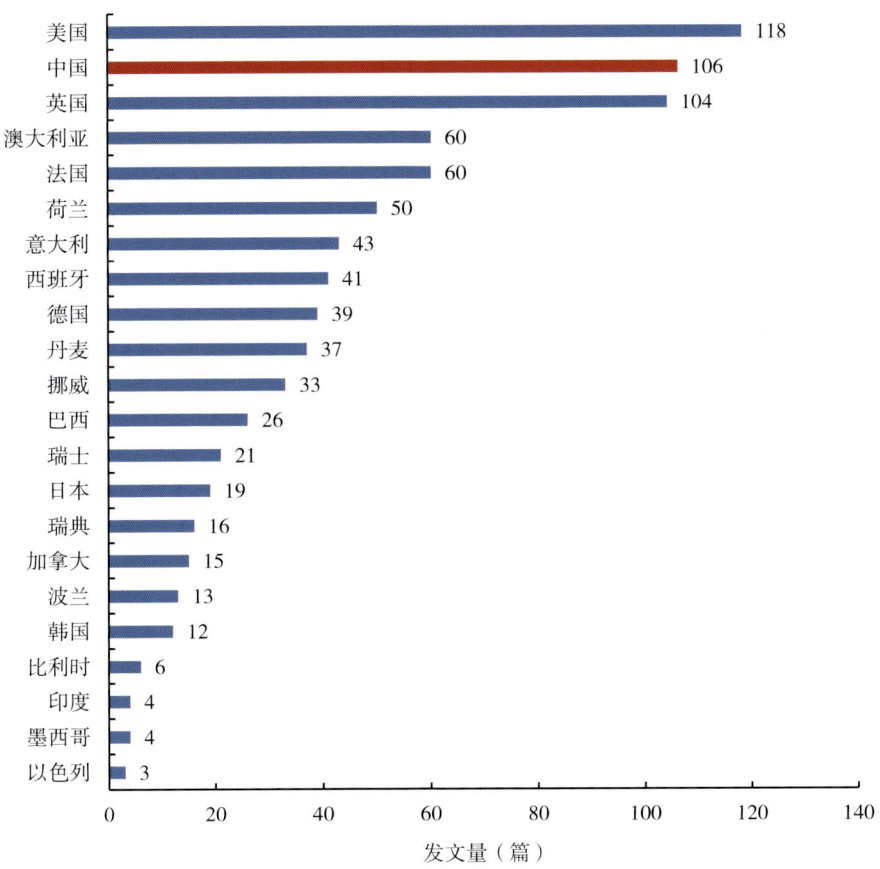

图 2-9-1　2014—2016 年基因和遗传学领域论文总发文量国别分布

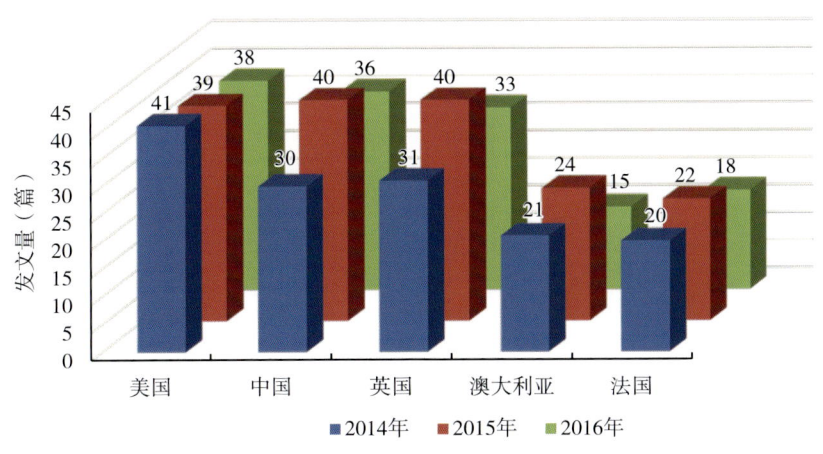

图 2-9-2　基因和遗传学领域排名前 5 位国家的论文发文量年代分布

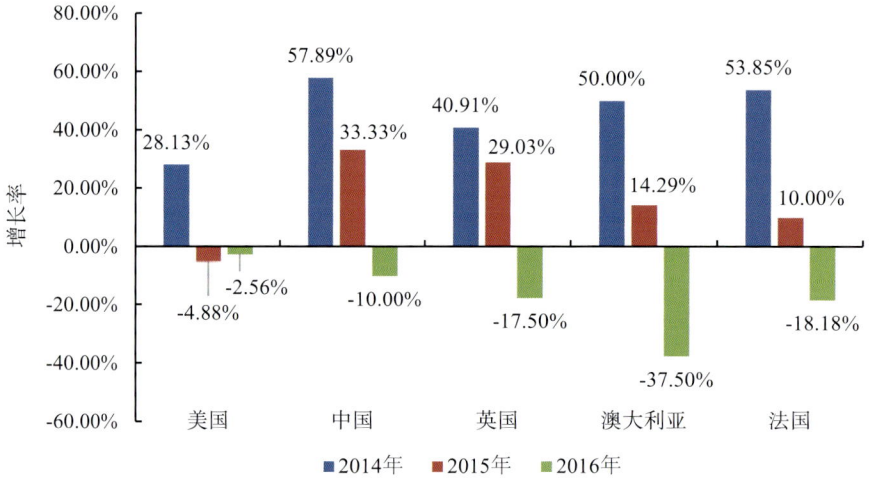

图 2-9-3　基因和遗传学领域总发文量排名前 5 位国家的各年论文增长率

2.9.2　科研影响力

22 国该学科总被引频次 3632，美国在该领域的总被引频次排名第一，其次是英国、澳大利亚、中国、法国和荷兰（图 2-9-4）。

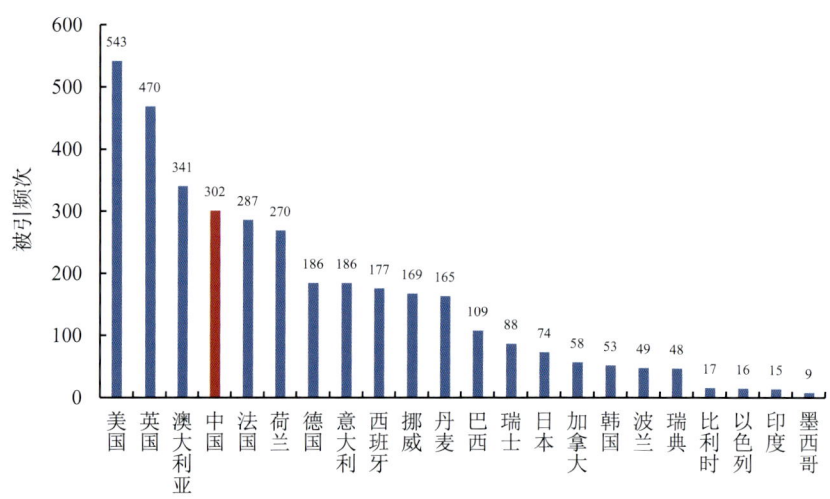

图 2-9-4　2014—2016 年 22 国基因和遗传学领域论文总被引频次统计

该领域学科规范化的引文影响力排名澳大利亚和瑞士并列第一，英国、荷兰和法国紧随其后。中国排名第二十（图 2-9-5）。

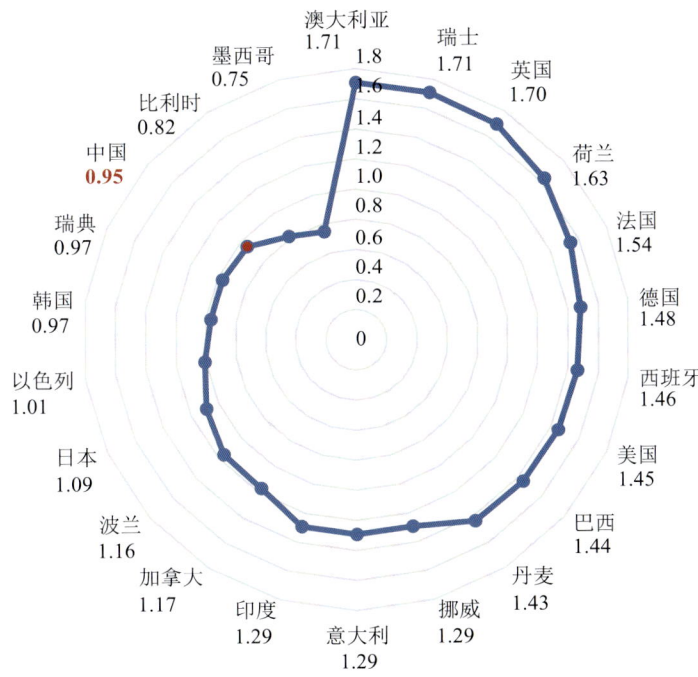

图 2-9-5　2014—2016 年 22 国基因和遗传学领域论文学科规范化的引文影响力

2.9.3　科研发展力

22 国该学科高被引论文只有 1 篇，来自瑞士（图 2-9-6）。

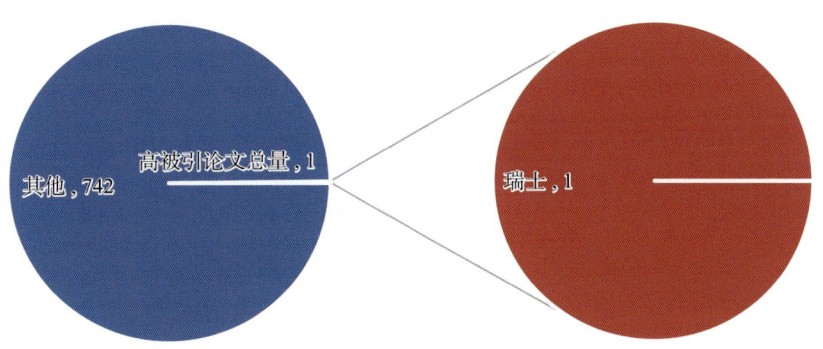

图 2-9-6　2014—2016 年 22 国基因和遗传学领域论文中高被引论文总量国别分布（单位：篇）

该学科 Q1 期刊论文量美国第一，其他依次是中国、英国、澳大利亚、法国等（图 2-9-7）。

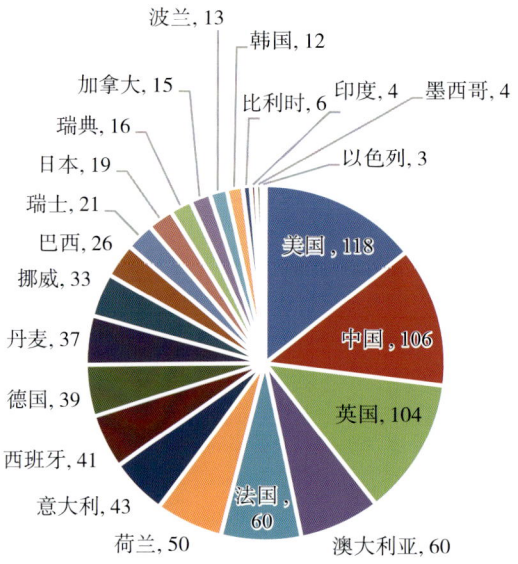

图 2-9-7　2014—2016 年 22 国基因和遗传学领域论文中 Q1 期刊论文量国别分布（单位：篇）

2014 年、2015 年和 2016 年我国该学科 Q1 期刊论文量分别为 30 篇、40 篇和 36 篇（图 2-9-8）。

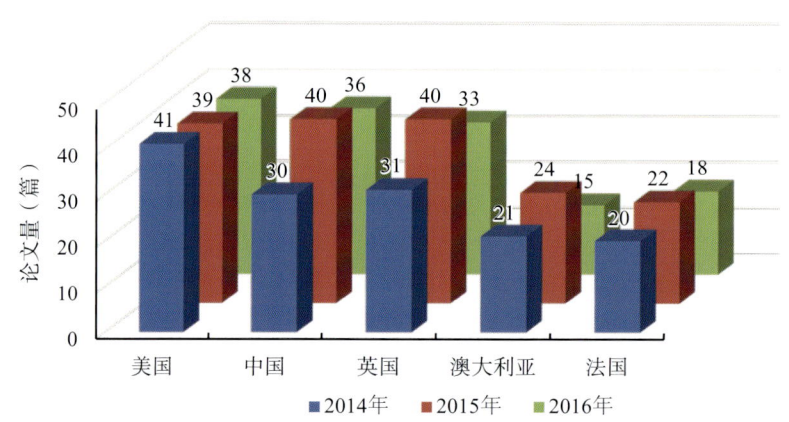

图 2-9-8　基因和遗传学领域排名前 5 国家的 Q1 期刊中的论文量年代分布

2.9.4　国际合作力

从全球该学科国际合作论文总量国别分布来看，美国在该领域的国际合作论文量排名第一，其次是英国、荷兰、澳大利亚和法国。中国排名第十一（图 2-9-9）。

2014 年、2015 年和 2016 年我国该学科国际合作论文量分别为 6 篇、10 篇和 6 篇（图 2-9-10）。

2 全球农业科技论文竞争力分析

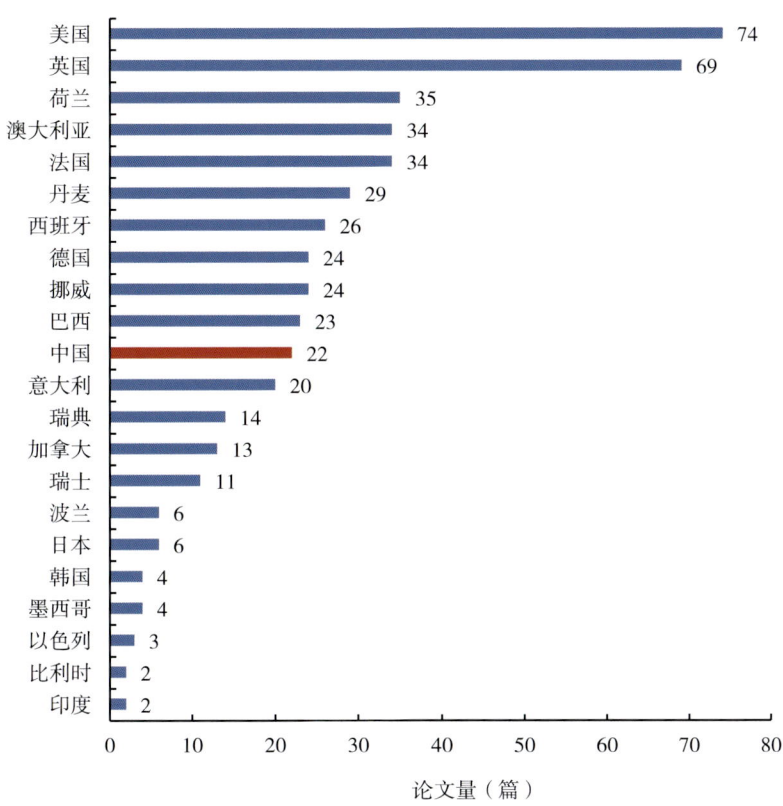

图 2-9-9　2014—2016 年 22 国基因和遗传学领域国际合作论文总量国别分布

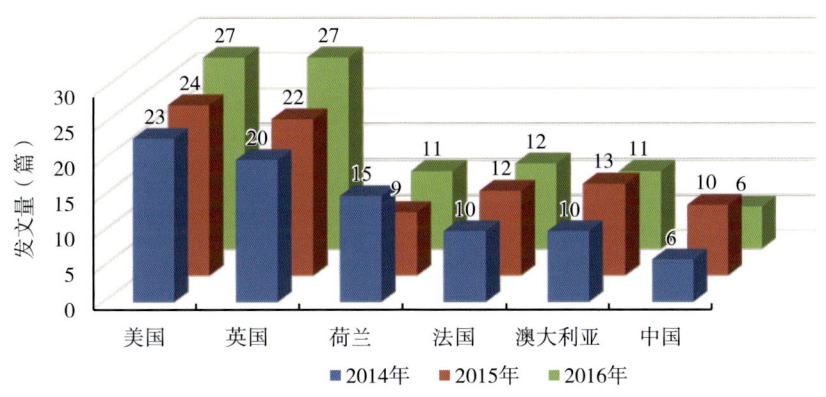

图 2-9-10　基因和遗传学领域国际合作论文发文量排名前 5 位国家的国际合作论文发文量年代分布

2014 年我国该学科国际合作论文量和前一年持平，2015 年我国国际合作论文量较前一年有所增长，2016 年略有下降。美国和英国发表的国际合作论文量每年均呈现增长趋势（图 2-9-11）。

该学科与我国合作最多的是美国，其他依次是丹麦、加拿大、德国和法国等（图 2-9-12）。

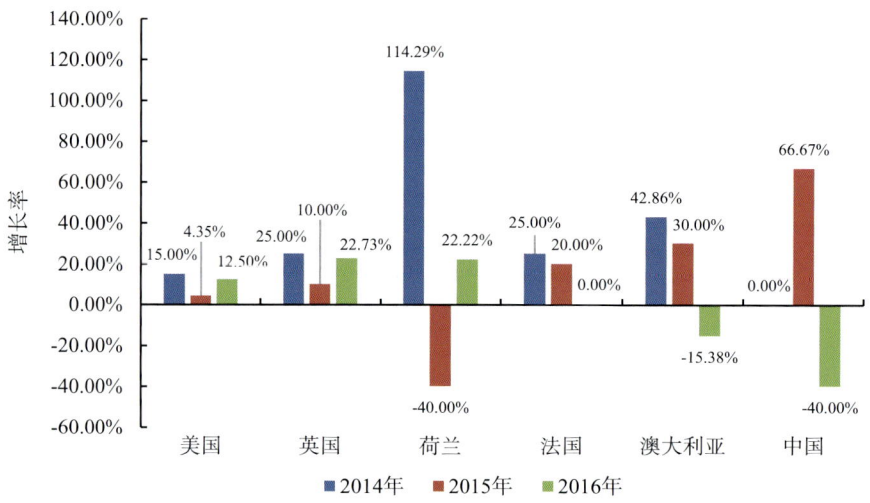

图 2-9-11　基因和遗传学领域国际合作论文量排名前 5 位国家的各年国际合作论文增长率

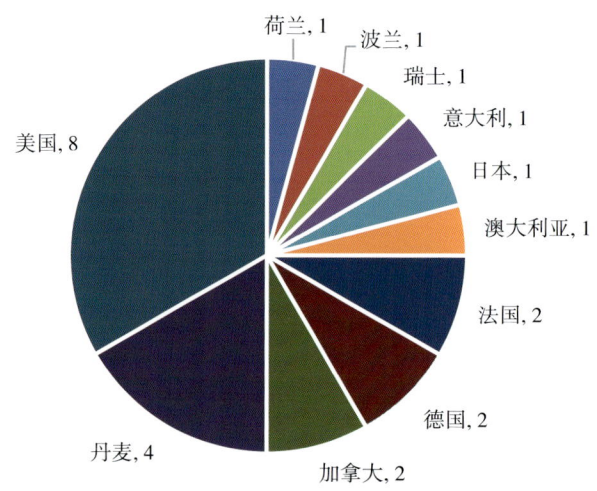

图 2-9-12　基因和遗传学领域与中国合作的国家及论文量（单位：篇）

2.9.5　该学科代表性机构

（1）该学科全球代表性机构

全球综合指标排名前 10 位的机构依次是法国农业科学院、荷兰的瓦赫宁根大学、美国农业部、英国的爱丁堡大学、英国的罗斯林研究所、美国的艾奥瓦州立大学、丹麦的奥胡斯大学、法国的巴黎高科农业学院、法国的巴黎萨克雷大学和挪威生命科学大学（图2-9-13）。

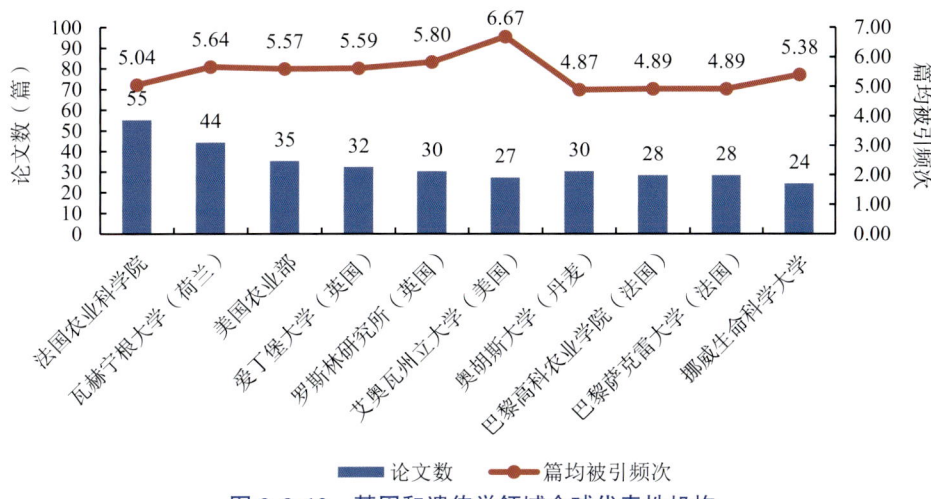

图 2-9-13　基因和遗传学领域全球代表性机构

（2）该学科中国代表性机构

我国综合指标排名前 10 位的机构依次是中国农业大学、中国农业科学院、西北农林科技大学、江西农业大学、山东农业大学、江苏师范大学、上海交通大学、南京农业大学、中国科学院和华中农业大学（图 2-9-14）。

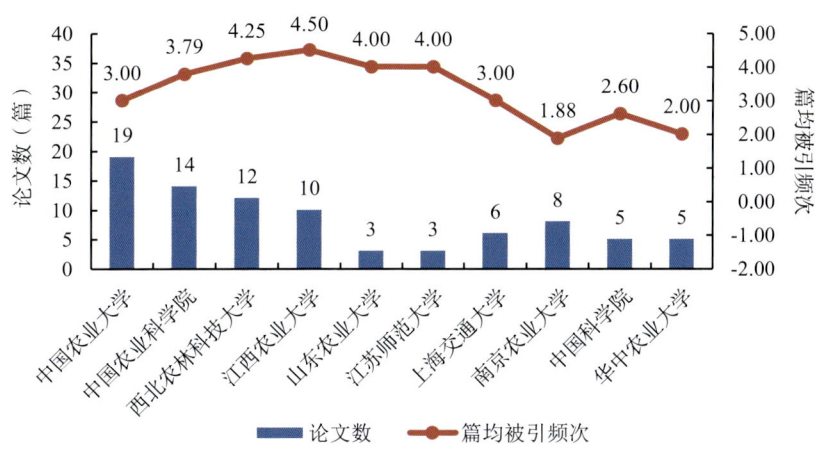

图 2-9-14　基因和遗传学领域中国代表性机构

2.10　生物学领域论文竞争力分析

2.10.1　科研生产力

22 国该学科论文总量 2406 篇，巴西排名第一，中国排名第二。其后依次是日本、美国和英国（图 2-10-1）。

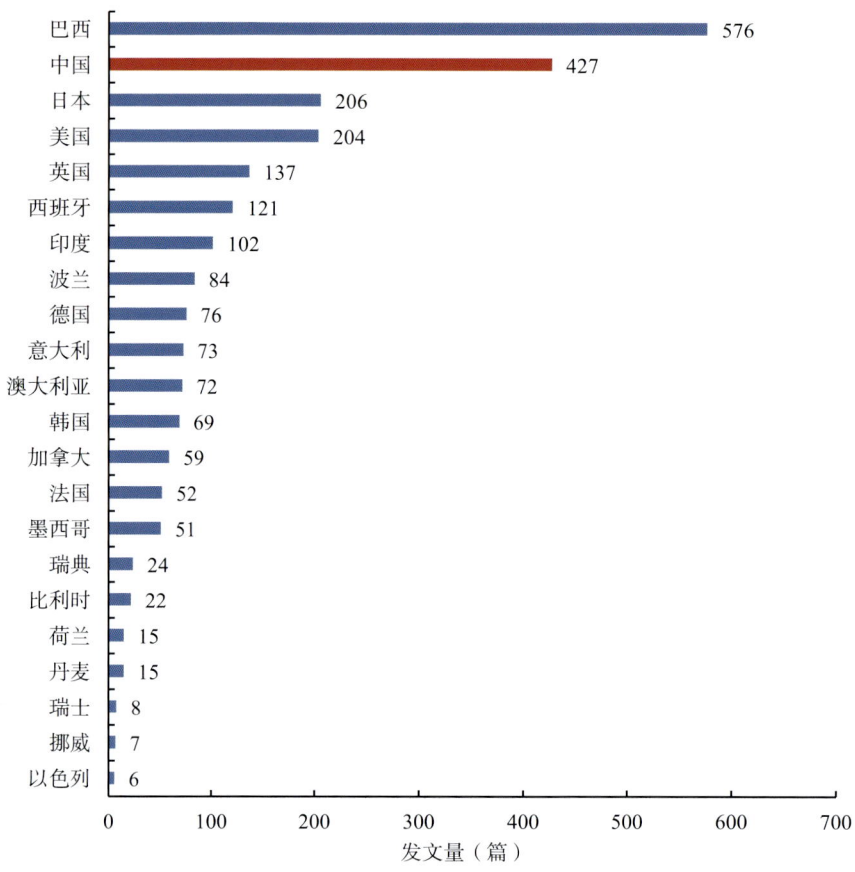

图 2-10-1　2014—2016 年生物学领域论文总发文量国别分布

我国 2014 年、2015 年和 2016 年每年该学科发文量分别为 110 篇、164 篇和 153 篇（图 2-10-2）。

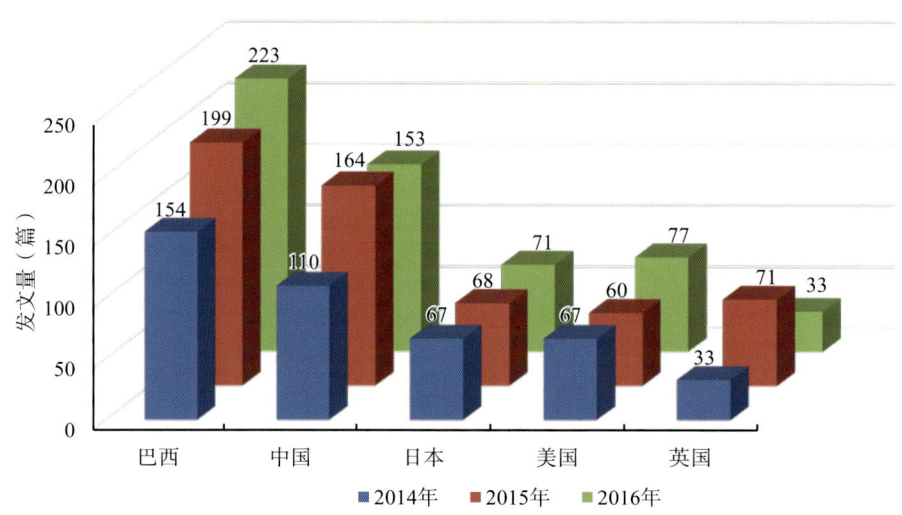

图 2-10-2　生物学领域排名前 5 位国家的论文发文量年代分布

我国 2016 年该学科的发文量较前一年有所下降，2014 年和 2015 年较前一年发文量有所增长。除了巴西的发文量每年都在增长，其他国家的发文量每年也都有增有减（图 2-10-3）。

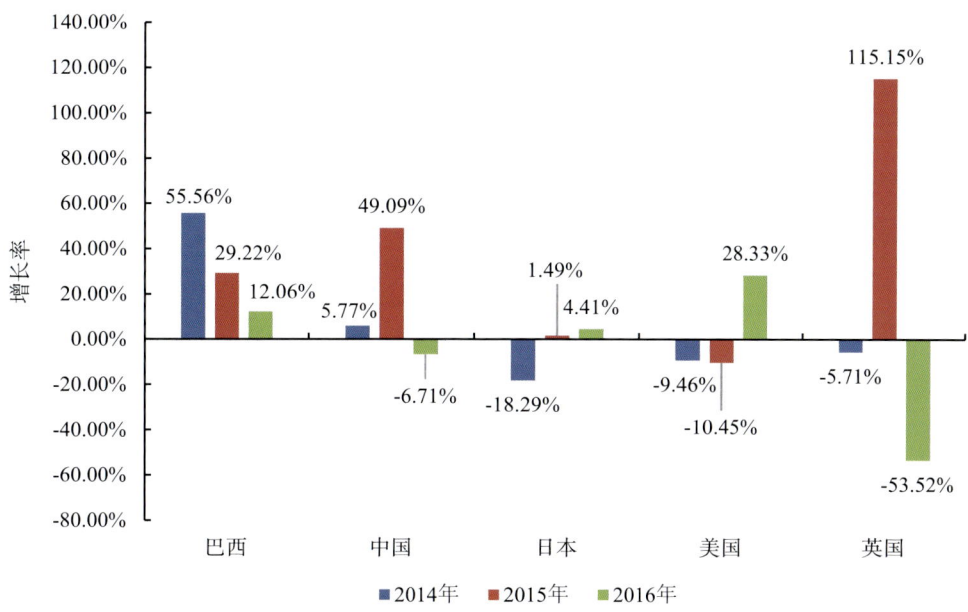

图 2-10-3 生物学领域总发文量排名前 5 位国家的各年论文增长率

2.10.2 科研影响力

22 国该学科总被引频次 3924，中国占据总被引频次第一位，第二位是巴西。其后依次为日本、西班牙和美国（图 2-10-4）。

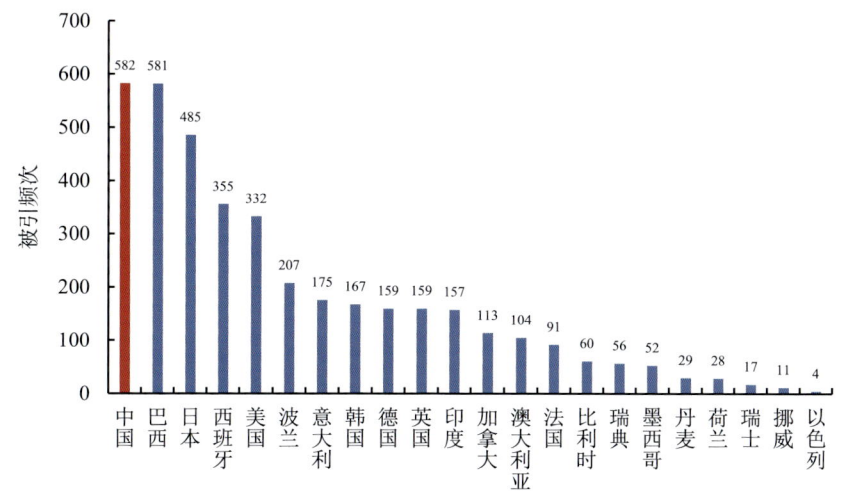

图 2-10-4 2014—2016 年 22 国生物学领域论文总被引频次统计

该学科的学科规范化引文影响力比利时和西班牙排名并列第一，中国排名第十六。与论文总量和被引次数相比，学科规范化的引文影响力中国排名稍微靠后（图 2-10-5）。

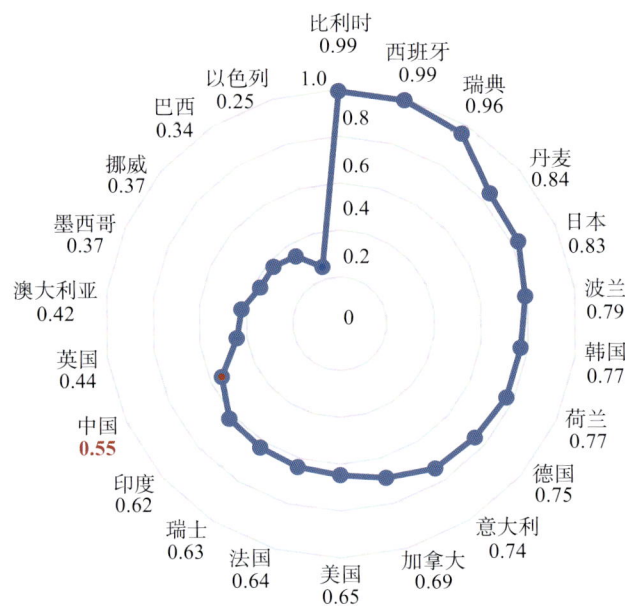

图 2-10-5　2014—2016 年 22 国生物学领域论文学科规范化的引文影响力

2.10.3　科研发展力

该领域 22 个国家没有高被引论文。

该学科 Q1 期刊中的论文总量日本排名第一，有 168 篇，中国排名第二（图 2-10-6）。

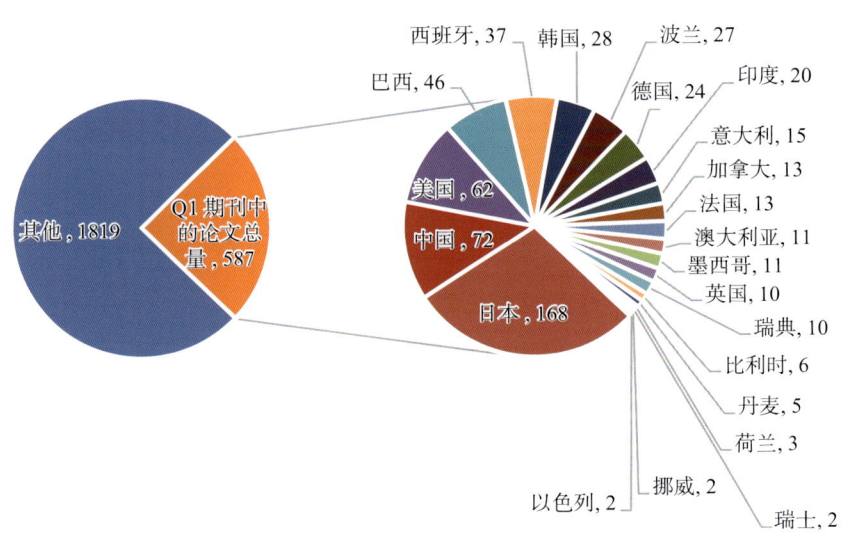

图 2-10-6　2014—2016 年 22 国生物学领域论文中 Q1 期刊论文量国别分布（单位：篇）

2014年、2015年和2016年中国该学科的Q1期刊论文量分别为16篇、10篇和46篇（图2-10-7）。

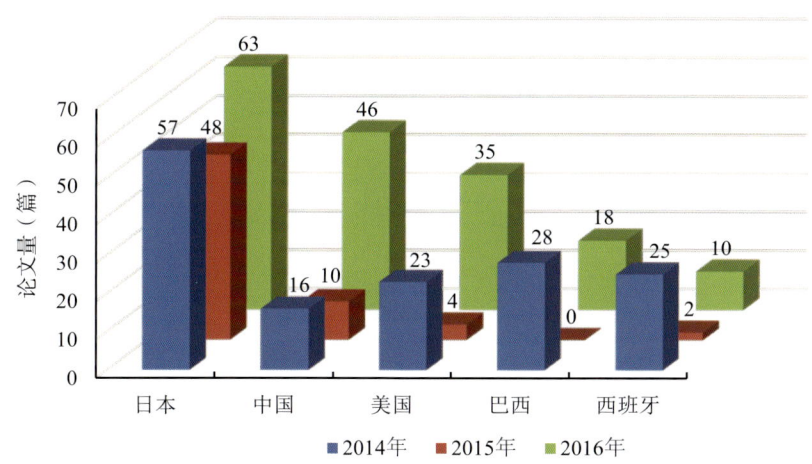

图 2-10-7　生物学领域排名前5位国家的Q1期刊中的论文量年代分布

2.10.4　国际合作力

从全球该学科国际合作论文总量国别分布来看，合作论文总量美国排名第一，英国第二，巴西第三。中国排名第四，西班牙位列其后（图2-10-8）。

2014年、2015年和2016年中国该学科的国际合作论文分别为17篇、24篇和32篇（图2-10-9）。

2014年我国发表的国际合作论文较前一年有所下降，2015年和2016年我国的合作论文较前一年有所增加。除巴西各年合作论文均有增长外，其他3个国家每年的合作论文相比前一年均有增有减（图2-10-10）。

该学科与我国合作最多的是美国，其次是日本、澳大利亚、印度、韩国等（图2-10-11）。

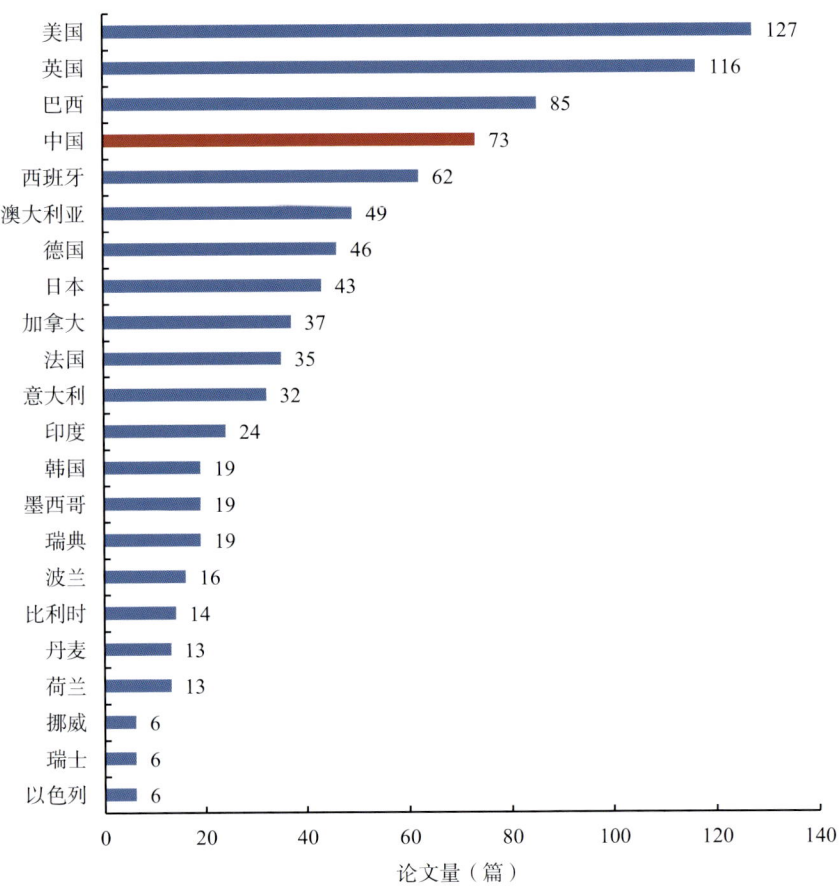

图 2-10-8 2014—2016 年 22 国生物学领域国际合作论文总量国别分布

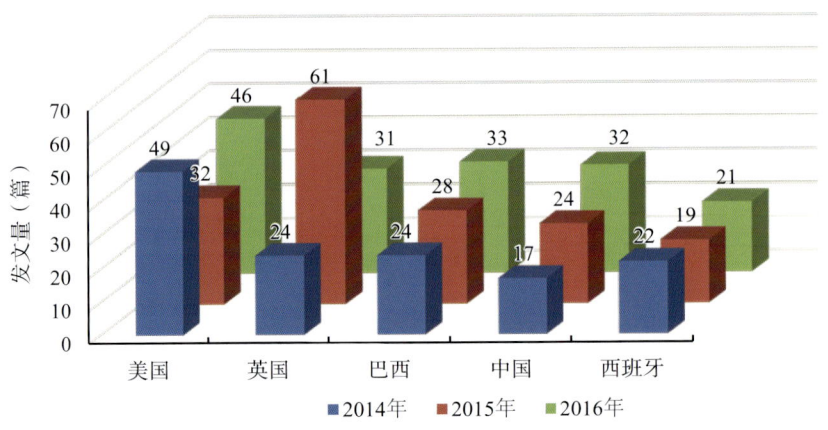

图 2-10-9 生物学领域国际合作论文发文量排名前 5 位国家的国际合作论文发文量年代分布

2　全球农业科技论文竞争力分析

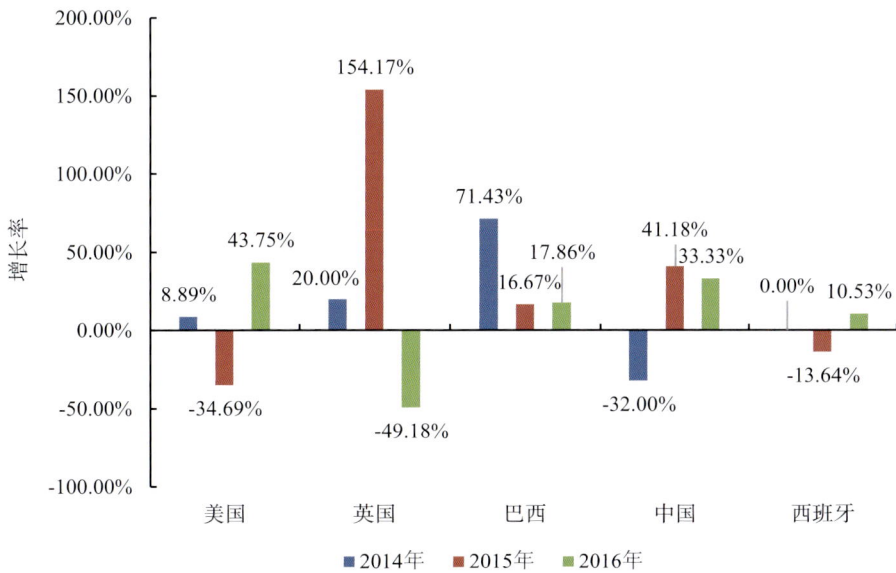

图 2-10-10　生物学领域国际合作论文量排名前 5 位国家的各年国际合作论文增长率

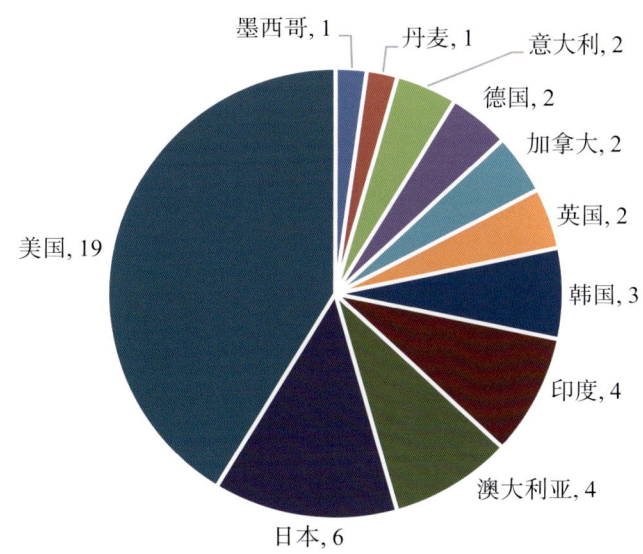

图 2-10-11　生物学领域与中国合作的国家及论文量（单位：篇）

2.10.5　该学科代表性机构

（1）该学科全球代表性机构

全球综合指标排名前 10 名的机构依次是巴西的圣保罗州立大学、巴西的圣保罗大学、巴西的德乌贝兰迪亚联邦大学、巴西农牧研究院、巴基斯坦的费萨拉巴德大学、波兰的瓦尔米亚—马祖里大学、法国农业科学院、中国的西北农林科技大学、巴西的维索萨联邦大学和韩国的忠北大学（图 2-10-12）。

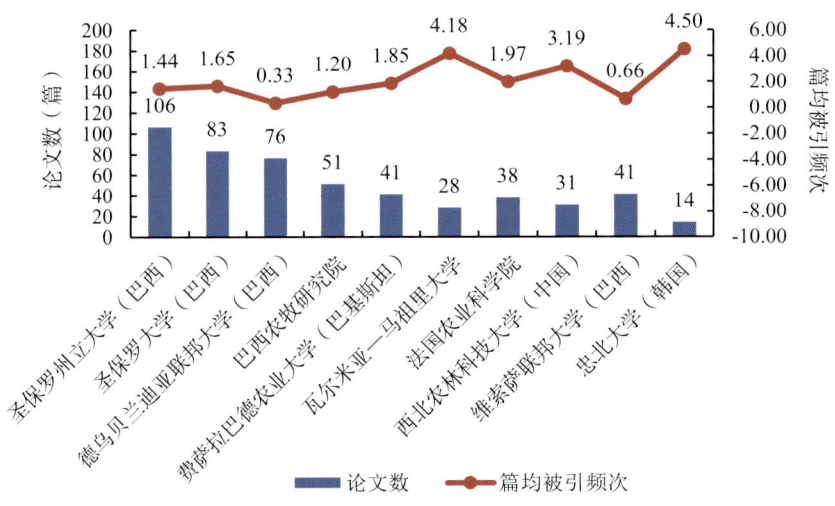

图 2-10-12　生物学领域全球代表性机构

（2）该学科中国代表性机构

我国综合指标排名前 10 位的机构依次是西北农林科技大学、中国农业科学院、南京农业大学、中国科学院、华中农业大学、四川农业大学、台湾中兴大学、广西大学、扬州大学和中国农业大学（图 2-10-13）。

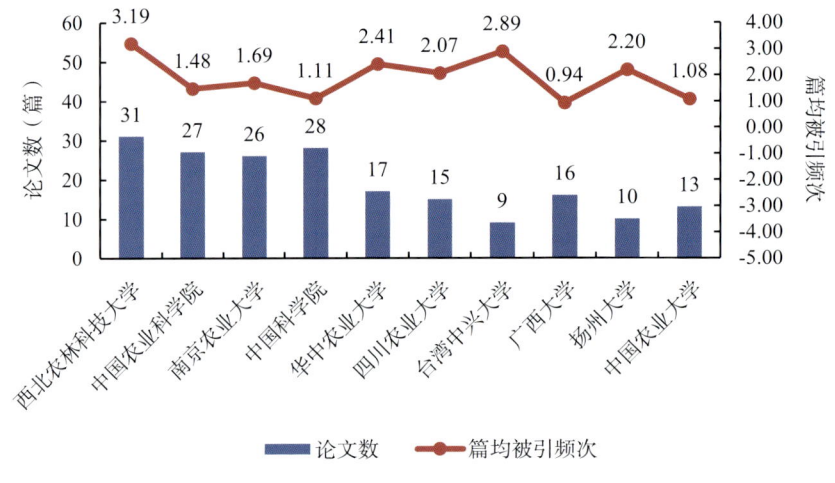

图 2-10-13　生物学领域中国代表性机构

2.11 生物技术与应用微生物学领域论文竞争力分析

2.11.1 科研生产力

22国该学科论文总量88370篇，中国在该领域的论文总量排名第一，其次是美国、英国。德国和日本分列第四、第五位（图2-11-1）。

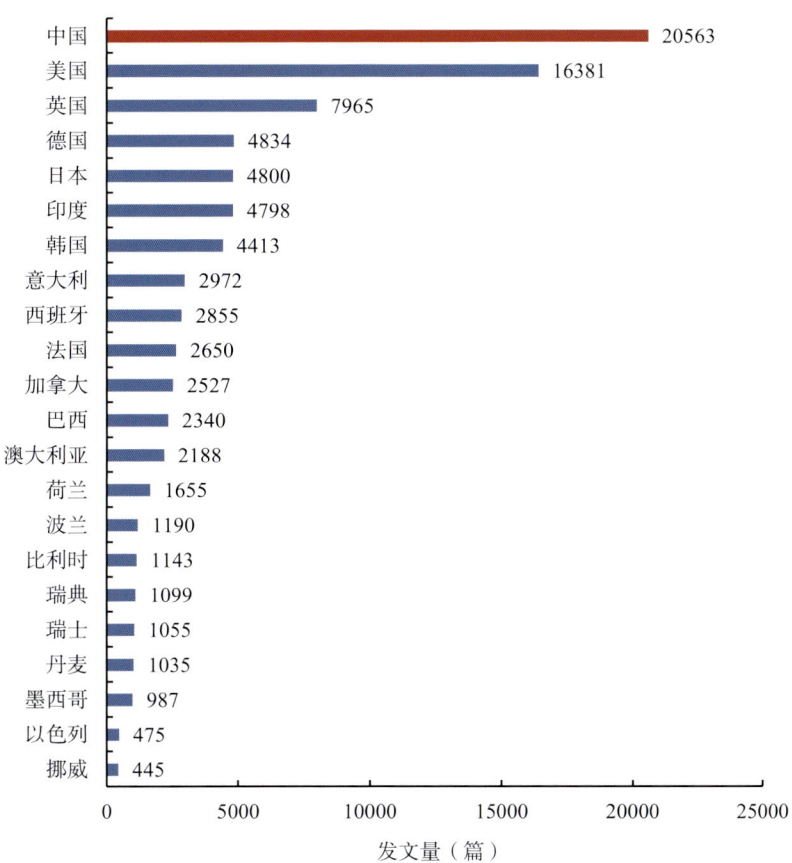

图2-11-1 2014—2016年生物技术与应用微生物学领域论文总发文量国别分布

2014年、2015年和2016年我国该学科发文量依次是6372篇、6945篇和7246篇（图2-11-2）。

2014—2016年该学科总发文量排名前5位的国家只有我国的论文量连年增长（图2-11-3）。

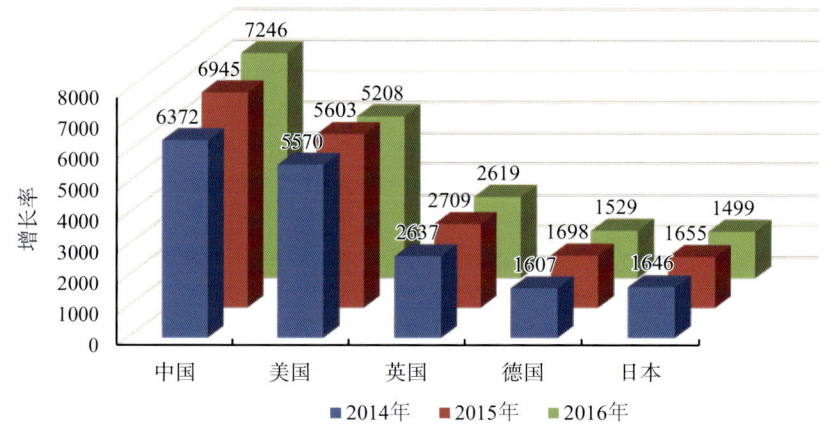

图 2-11-2　生物技术与应用微生物学领域排名前 5 位国家的论文发文量年代分布

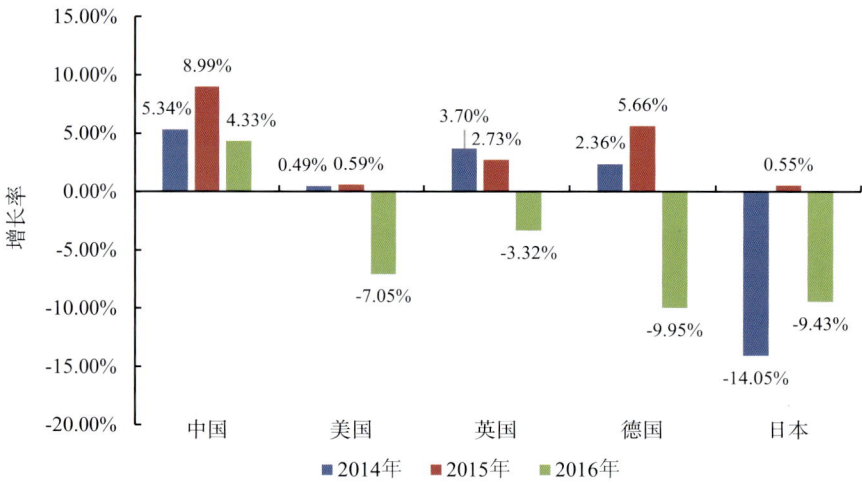

图 2-11-3　生物技术与应用微生物学领域总发文量排名前 5 位国家的各年论文增长率

2.11.2　科研影响力

22 国该学科总被引频次 541508，美国在该领域的总被引频次排名第一，其次是中国、英国和德国（图 2-11-4）。

该领域学科规范化的引文影响力排名英国第一，随后是德国、丹麦、美国和瑞士。中国排名第十一（图 2-11-5）。

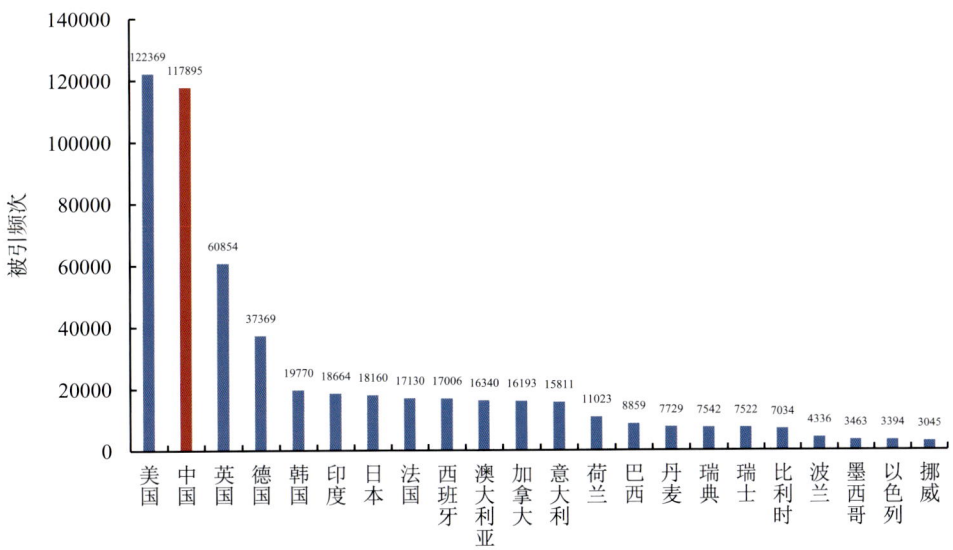

图 2-11-4　2014—2016 年 22 国生物技术与应用微生物学领域论文总被引频次统计

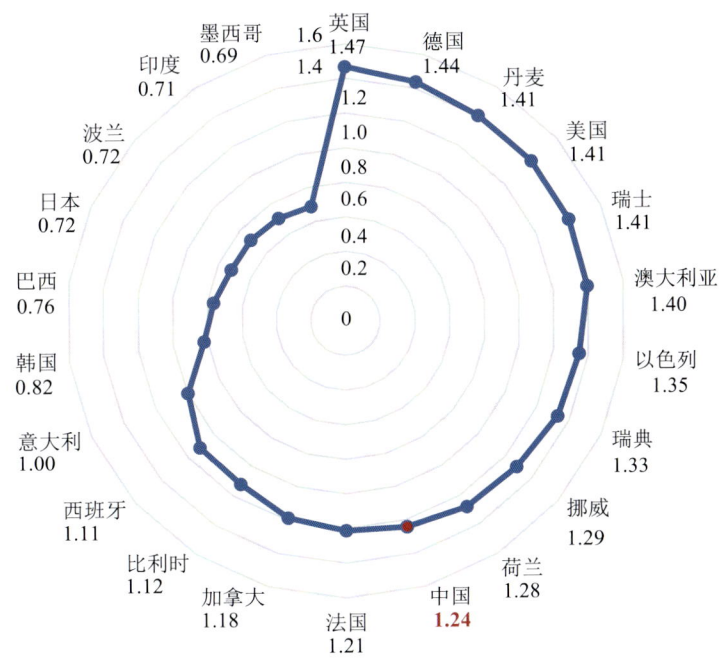

图 2-11-5　2014—2016 年 22 国生物技术与应用微生物学领域论文学科规范化的引文影响力

2.11.3　科研发展力

22 国该学科高被引论文量 822 篇，美国第一，其他依次是英国、中国、德国、法国和澳大利亚等（图 2-11-6）。

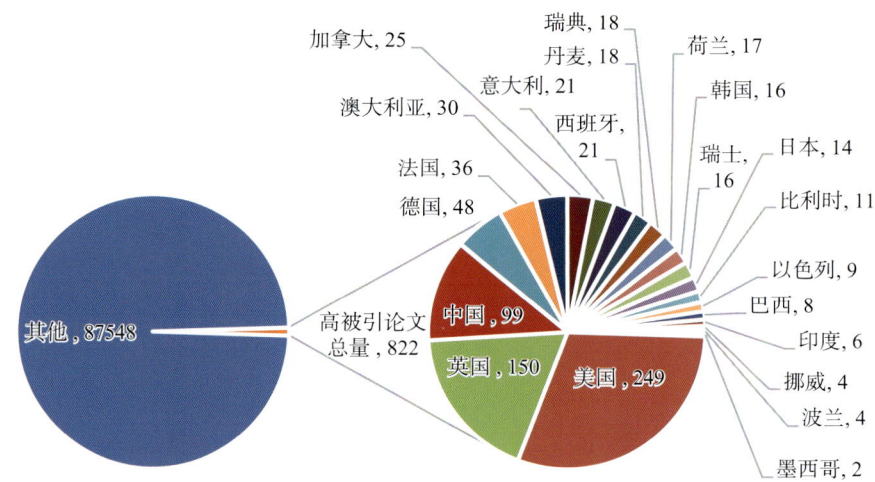

图 2-11-6　2014—2016 年 22 国生物技术与应用微生物学领域
论文中高被引论文总量国别分布（单位：篇）

该学科 Q1 期刊论文量美国第一，其他依次是中国、英国、德国、西班牙和法国等（图 2-11-7）。

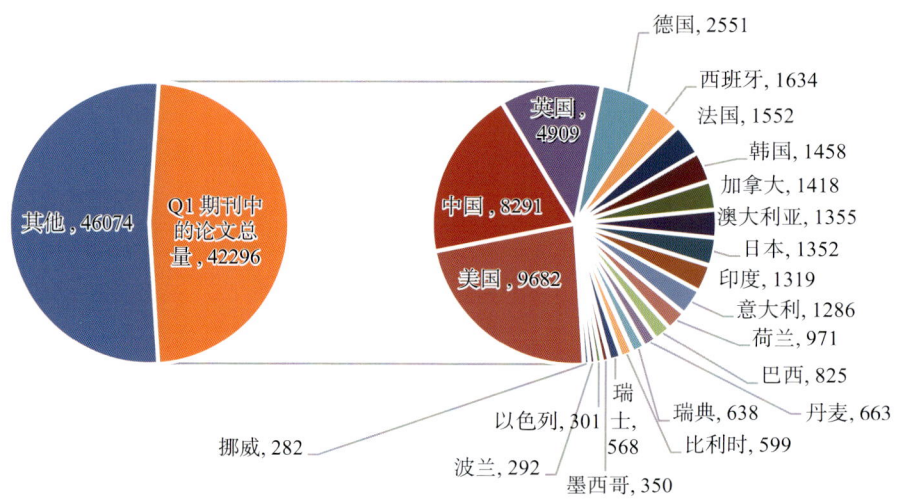

图 2-11-7　2014—2016 年 22 国生物技术与应用微生物学领域
论文中 Q1 期刊论文量国别分布（单位：篇）

2014 年、2015 年和 2016 年我国该学科 Q1 期刊论文量依次是 2681 篇、2686 篇和 2924 篇，逐年增长（图 2-11-8）。

2 全球农业科技论文竞争力分析

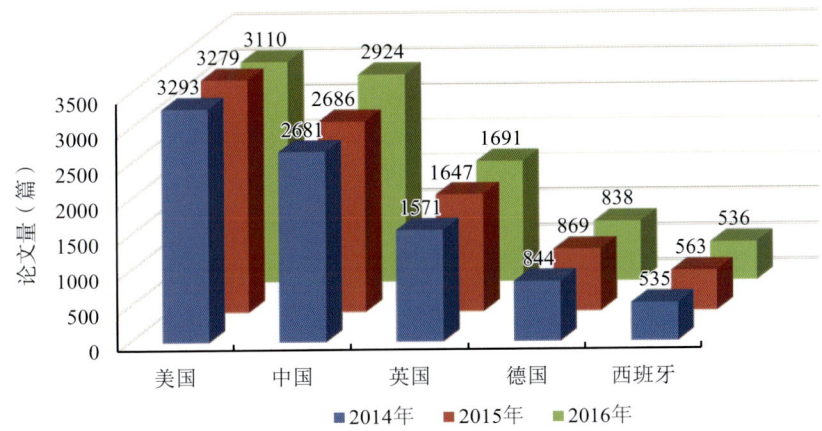

图 2-11-8 生物技术与应用微生物学领域排名前 5 位国家的 Q1 期刊中的论文量年代分布

2.11.4 国际合作力

从全球该学科国际合作论文总量国别分布来看，美国在该领域的国际合作论文量第一，其次是英国。中国排名第三。德国和法国位列第四和第五位（图 2-11-9）。

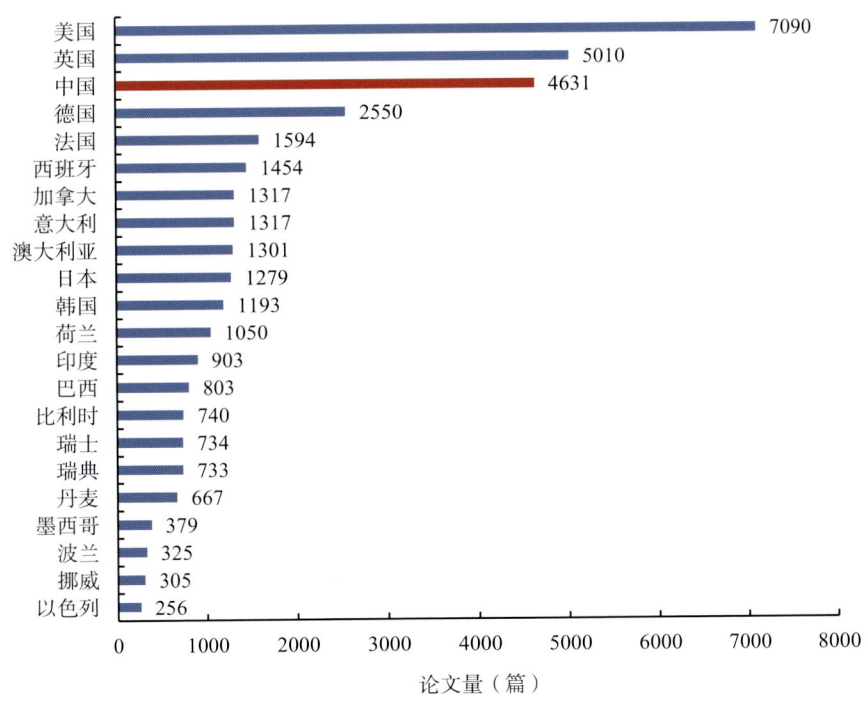

图 2-11-9 2014—2016 年 22 国生物技术与应用微生物学领域国际合作论文总量国别分布

2014 年、2015 年和 2016 年我国该学科国际合作论文依次是 1487 篇、1578 篇和 1566

篇(图 2-11-10)。

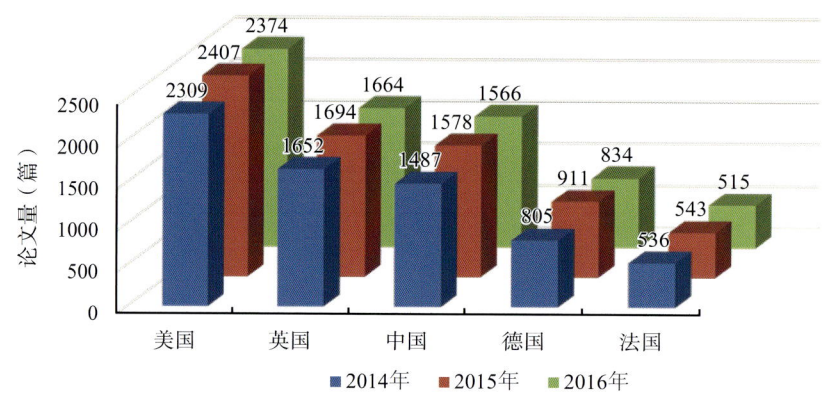

图 2-11-10　生物技术与应用微生物学领域国际合作论文发文量排名前 5 位国家的国际合作论文发文量年代分布

2014 年和 2015 年我国该学科国际合作论文量较前一年均有增长,2016 年较前一年略有下降。其他 4 个国家各年也都有增有减(图 2-11-11)。

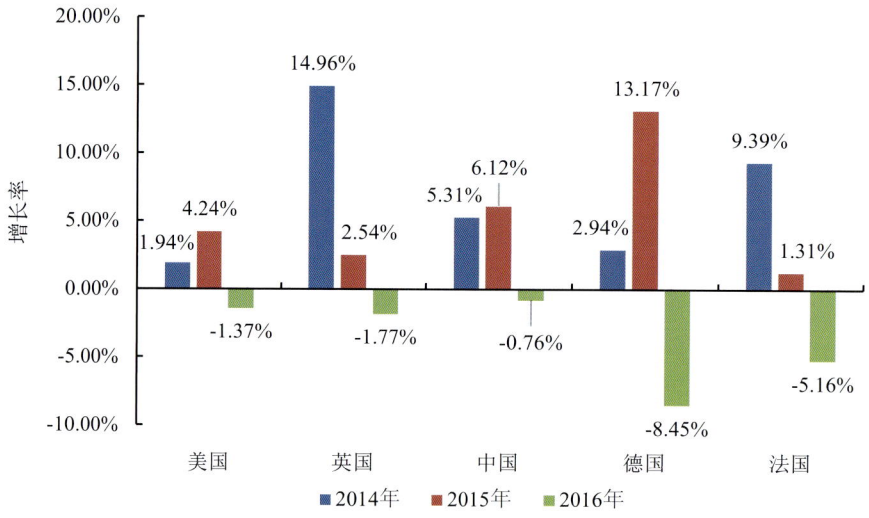

图 2-11-11　生物技术与应用微生物学领域国际合作论文量排名前 5 位国家的各年国际合作论文增长率

该学科与我国合作最多的国家是美国,其他依次是英国、澳大利亚、加拿大、日本和韩国等(图 2-11-12)。

2 全球农业科技论文竞争力分析

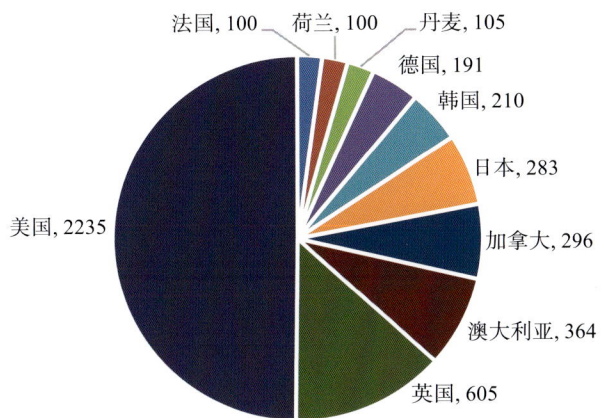

图 2-11-12 生物技术与应用微生物学领域与我国合作论文量排名前 10 位的国家及论文量（单位：篇）

2.11.5 该学科代表性机构

（1）该学科全球代表性机构

全球综合指标排名前 10 位的机构依次是中国科学院、美国的加利福尼亚大学、法国国家科学研究中心、美国的哈佛大学、美国农业部、法国农业科学院、美国能源部、西班牙高等科学研究理事会、中国的浙江大学和英国的伦敦大学（图 2-11-13）。

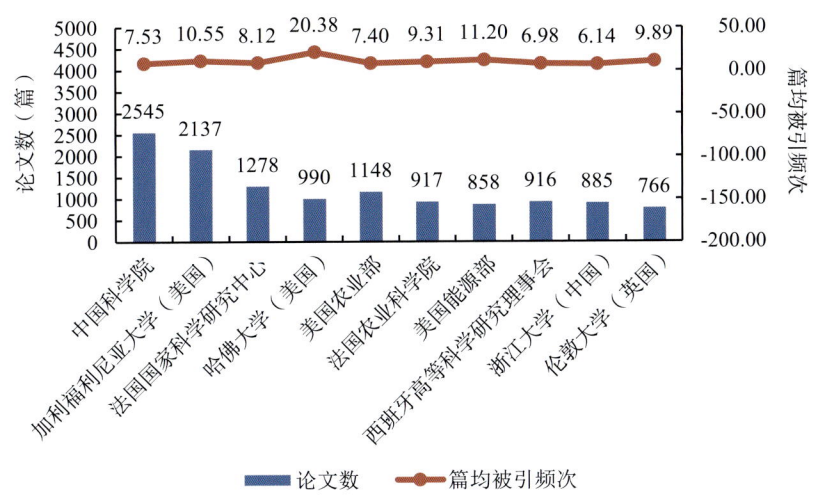

图 2-11-13 生物技术与应用微生物学领域全球代表性机构

（2）该学科中国代表性机构

我国综合指标排名前 10 位的机构依次是中国科学院、浙江大学、江南大学、澳门科技大学、上海交通大学、中国农业科学院、中国农业大学、电子科技大学、河北农业大学和哈尔滨工业大学（图 2-11-14）。

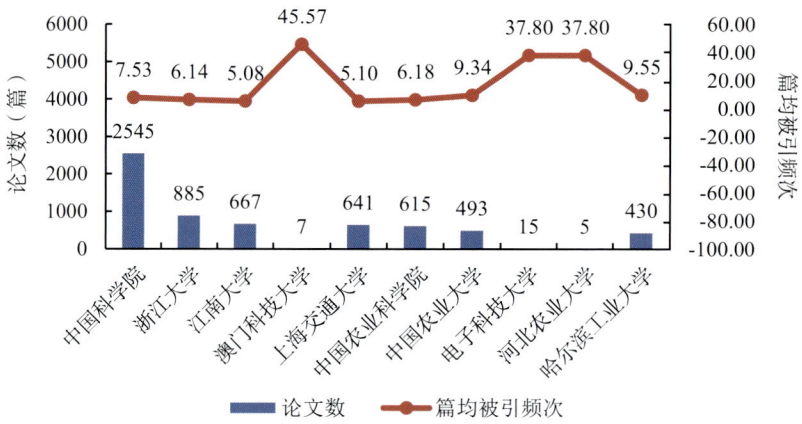

图 2-11-14　生物技术与应用微生物学领域中国代表性机构

2.12　食品科学和技术领域论文竞争力分析

2.12.1　科研生产力

22 国该学科论文总量 61613 篇，中国在该领域的论文总量排名第一，且远远超过第二名美国，随后是西班牙、意大利、韩国和英国等（图 2-12-1）。

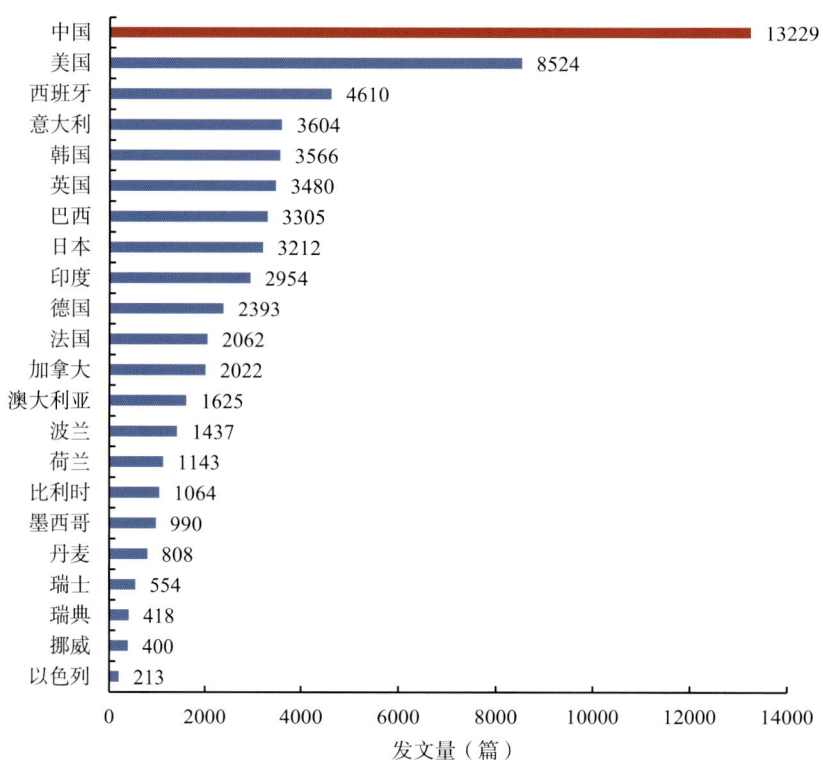

图 2-12-1　2014—2016 年食品科学和技术领域论文总发文量国别分布

2014年、2015年和2016年我国该学科发文量依次是4132篇、4529篇和4568篇（图2-12-2）。

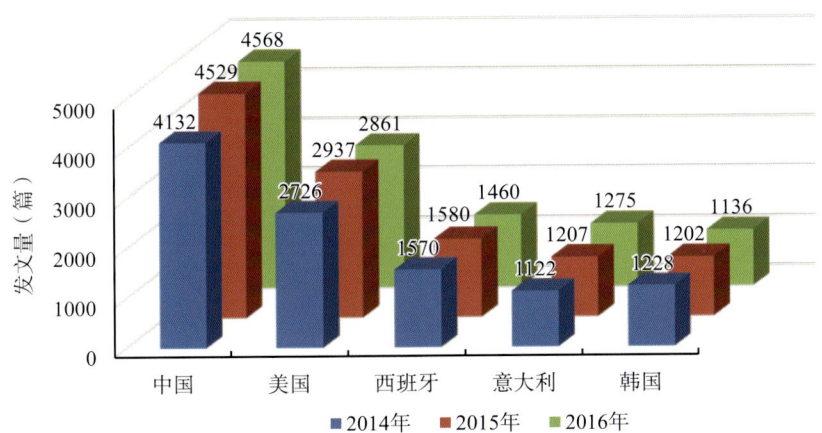

图2-12-2　食品科学和技术领域排名前5位国家的论文发文量年代分布

2014—2016年我国该学科总发文量呈现增长趋势，其他国家论文量各年都有增有减（图2-12-3）。

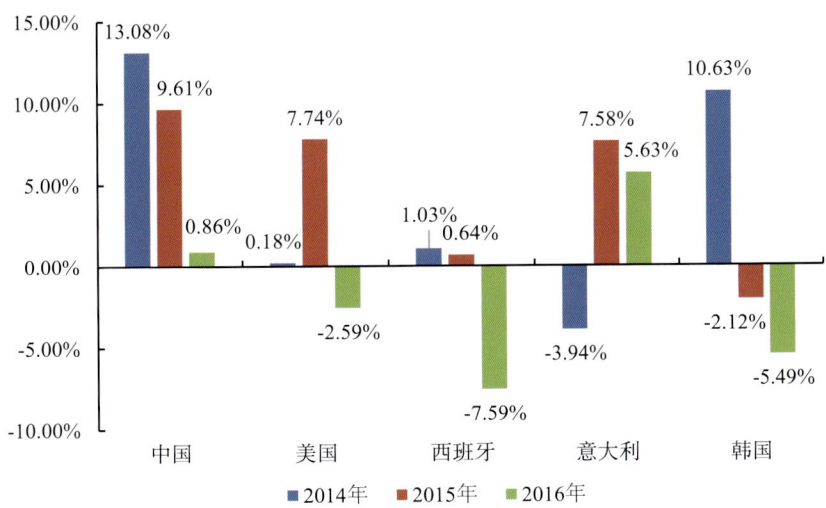

图2-12-3　食品科学和技术领域总发文量排名前5位国家的各年论文增长率

2.12.2　科研影响力

22国该学科总被引频次266196，中国在该领域的总被引频次排名第一，其次是美国、西班牙、英国和意大利（图2-12-4）。

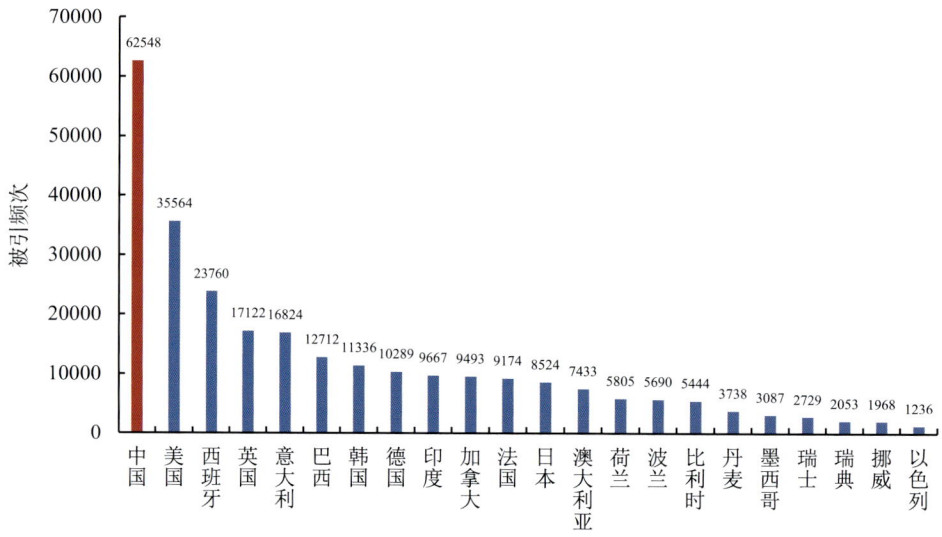

图 2-12-4　2014—2016 年 22 国食品科学和技术领域论文总被引频次统计

该领域学科规范化的引文影响力排名以色列第一,荷兰、比利时、瑞士和丹麦紧随其后。我国排名第七(图 2-12-5)。

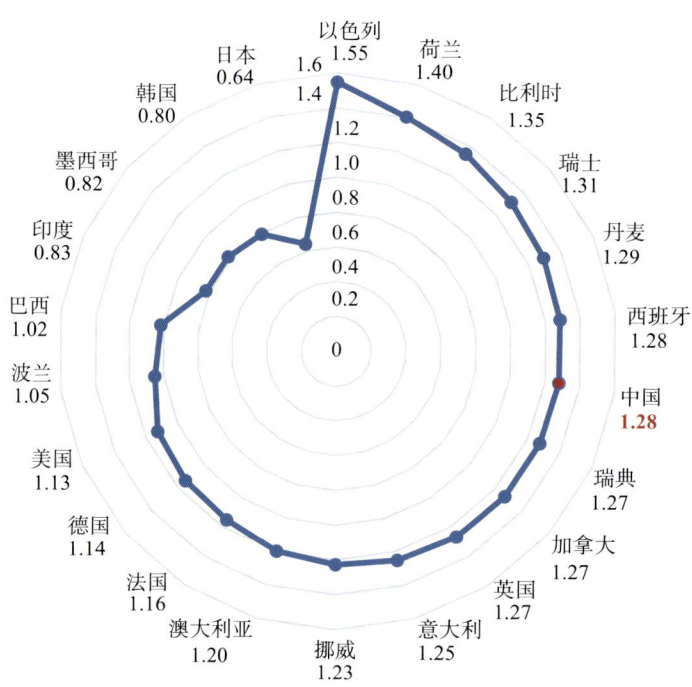

图 2-12-5　2014—2016 年 22 国食品科学和技术领域论文学科规范化的引文影响力

2.12.3 科研发展力

22 国该学科高被引论文总量 605 篇，中国第一，其后依次是美国、西班牙、英国、意大利和巴西等（图 2-12-6）。

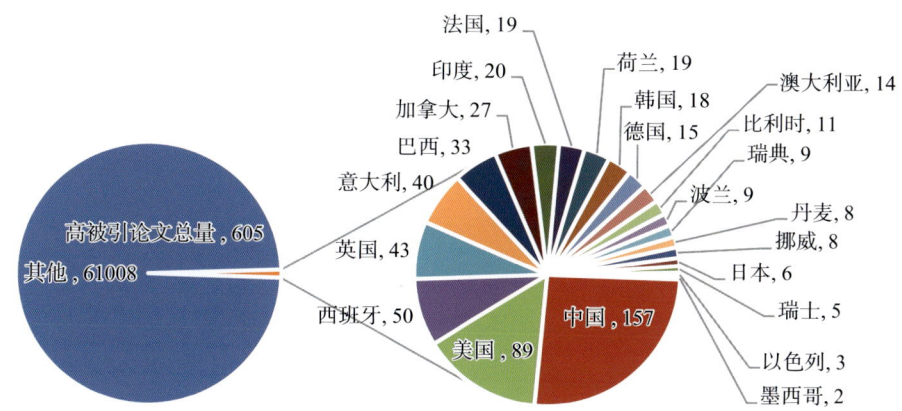

图 2-12-6　2014—2016 年 22 国食品科学和技术领域论文中高被引论文总量国别分布

该学科 Q1 期刊论文量中国第一，其后依次是美国、西班牙、意大利和英国等（图 2-12-7）。

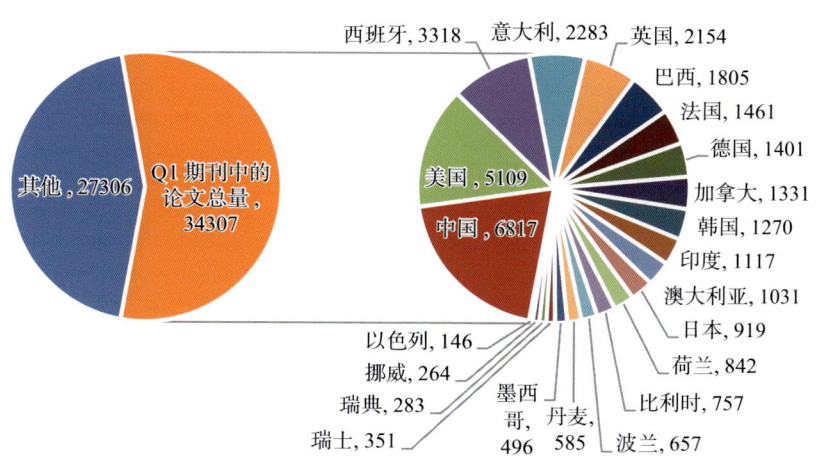

图 2-12-7　2014—2016 年 22 国食品科学和技术领域论文中 Q1 期刊论文量国别分布（单位：篇）

2014 年、2015 年和 2016 年我国该学科 Q1 期刊论文量依次是 2128 篇、2265 篇和 2424 篇（图 2-12-8）。

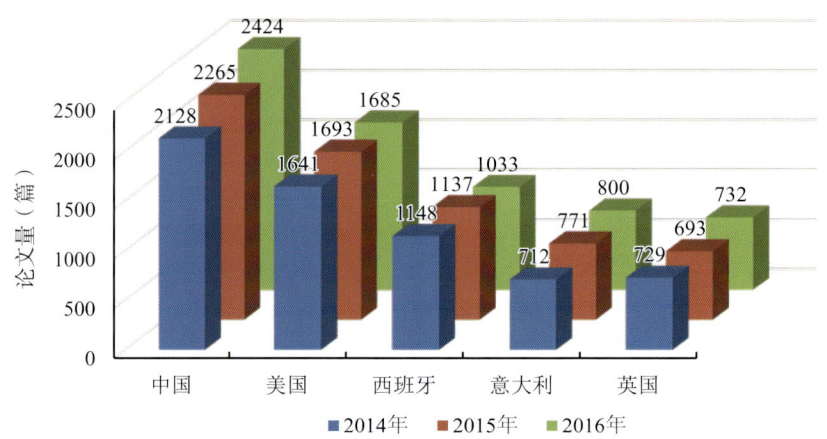

图 2-12-8　食品科学和技术领域排名前 5 位国家的 Q1 期刊中的论文量年代分布

2.12.4　国际合作力

从全球该学科国际合作论文总量国别分布来看，美国在该领域的国际合作论文量第一，我国排名第二。其次是英国、西班牙和意大利（图 2-12-9）。

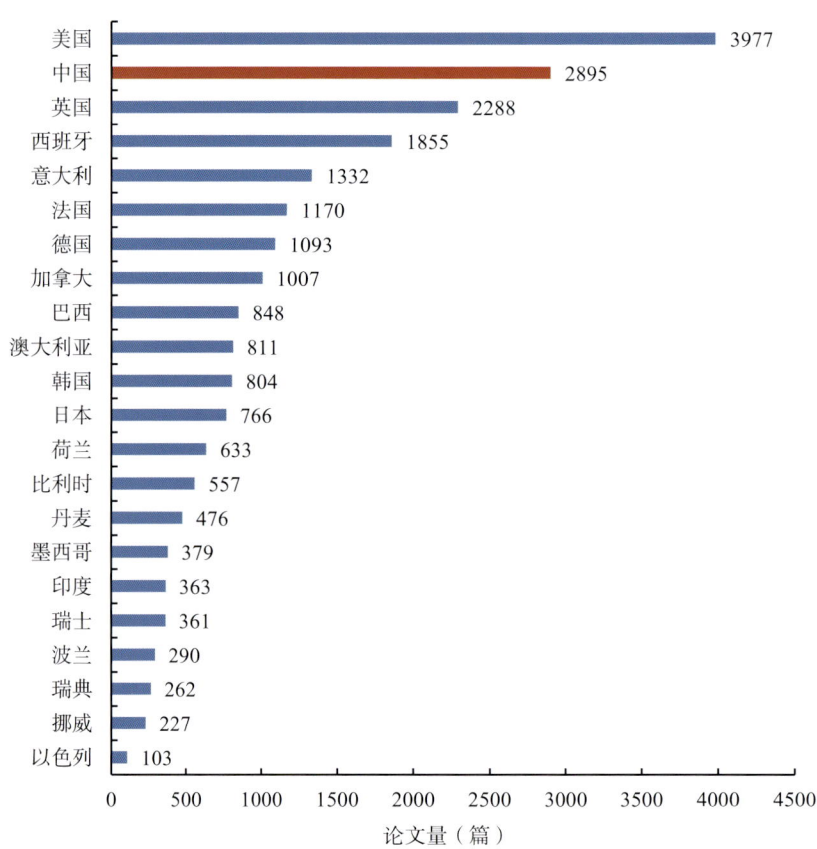

图 2-12-9　2014—2016 年 22 国食品科学和技术领域国际合作论文总量国别分布

2014—2016年我国该学科国际合作论文量依次是823篇、989篇和1083篇（图2-12-10）。

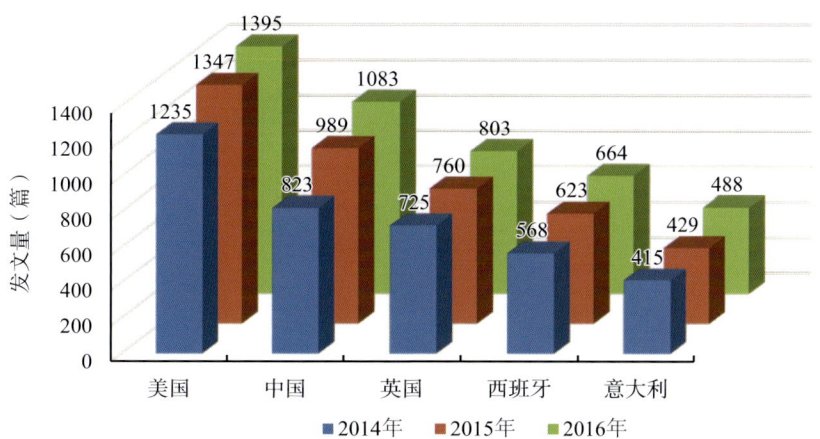

图 2-12-10　食品科学和技术领域国际合作论文发文量排名前5位国家的国际合作论文发文量年代分布

近3年，包括我国在内的排名前5位的国家合作论文量都呈现逐年增长趋势（图2-12-11）。

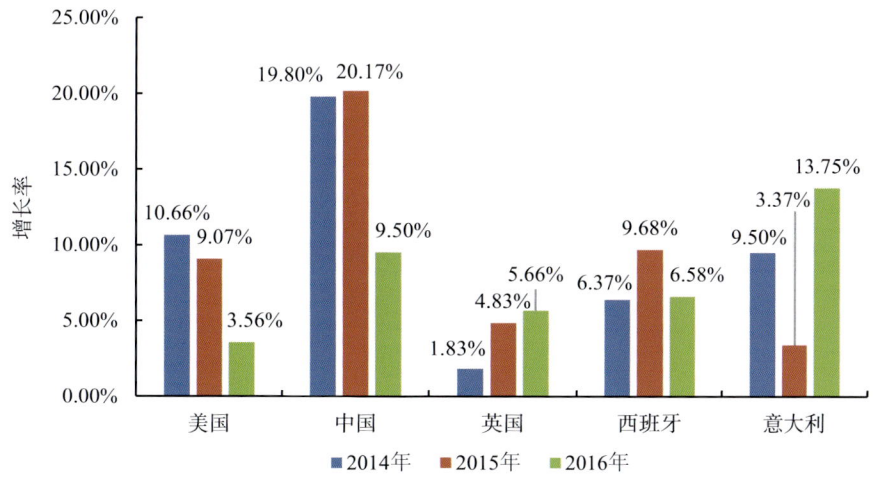

图 2-12-11　食品科学和技术领域国际合作论文量排名前5位国家的各年国际合作论文增长率

该学科与我国合作最多的国家依次是美国、英国、加拿大、日本和澳大利亚等（图2-12-12）。

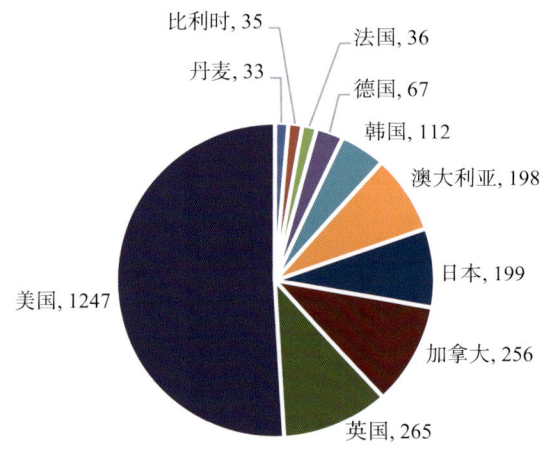

图 2-12-12　食品科学和技术领域与中国合作论文量排名前 10 位的国家及论文量（单位：篇）

2.12.5　该学科代表性机构

（1）该学科全球代表性机构

全球综合指标排名前 10 位的机构依次是美国农业部、西班牙高等科学研究理事会、中国的江南大学、法国农业科学院、美国的马萨诸塞大学、荷兰的瓦赫宁根大学、中国农业大学、美国的加利福尼亚大学、中国科学院和印度科学与工业研究理事会（图 2-12-13）。

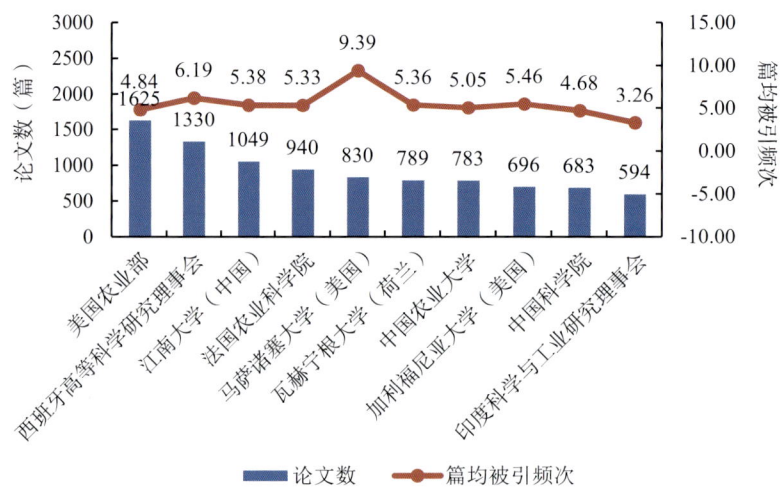

图 2-12-13　食品科学和技术领域全球代表性机构

（2）该学科中国代表性机构

我国综合指标排名前 10 位的机构依次是江南大学、中国农业大学、中国科学院、华南理工大学、中国农业科学院、浙江大学、南京农业大学、西北农林科技大学、南昌大学和上海交通大学（图 2-12-14）。

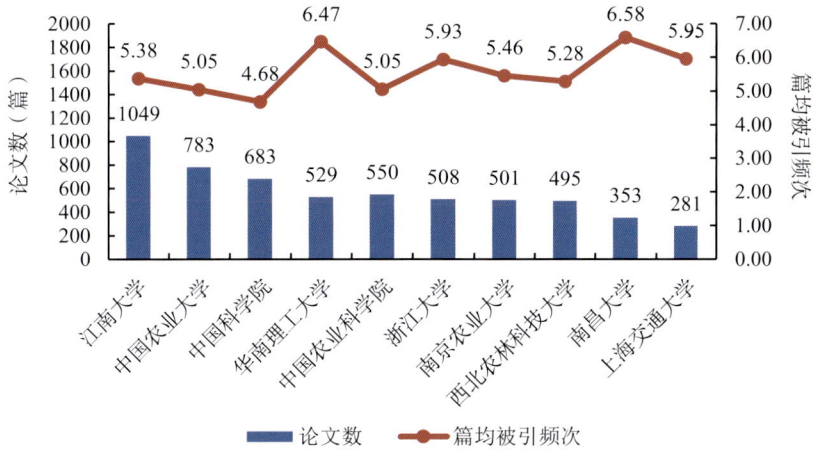

图 2-12-14　食品科学和技术领域中国代表性机构

2.13　农业工程领域论文竞争力分析

2.13.1　科研生产力

22国该学科论文总量11304篇，中国排名第一，且远远超过第二名美国，其次是巴西、印度、英国和西班牙等（图2-13-1）。

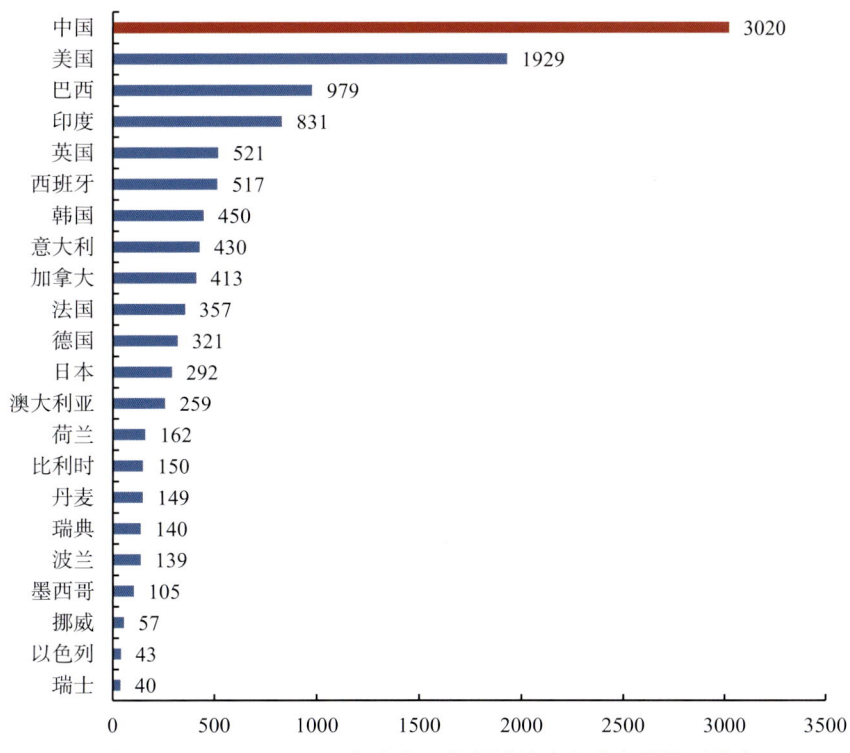

图 2-13-1　2014—2016 年农业工程领域论文总发文量国别分布

2014年、2015年和2016年，我国该学科的论文量分别为890篇、986篇和1144篇，2015年和2016年呈现逐年增长趋势（图2-13-2）。

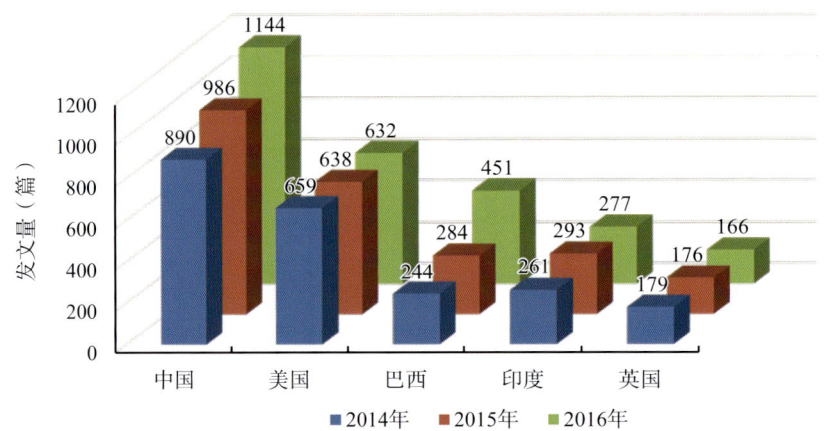

图2-13-2　农业工程领域排名前5位国家的论文发文量年代分布

巴西和我国一样，除了2014年相比前一年该学科发文量略有下降，2015年和2016年发文量都较前一年略有增加。美国和英国呈现逐年减少的趋势（图2-13-3）。

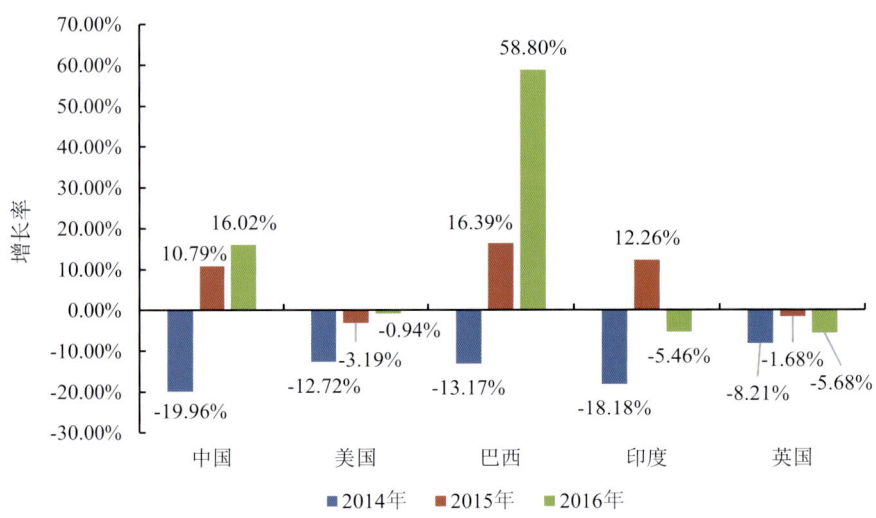

图2-13-3　农业工程领域总发文量排名前5位国家的各年论文增长率

2.13.2　科研影响力

22国总被引频次71351，中国排名第一，且远远超过第二名美国。其他依次为印度、英国、韩国和西班牙等（图 2-13-4）。

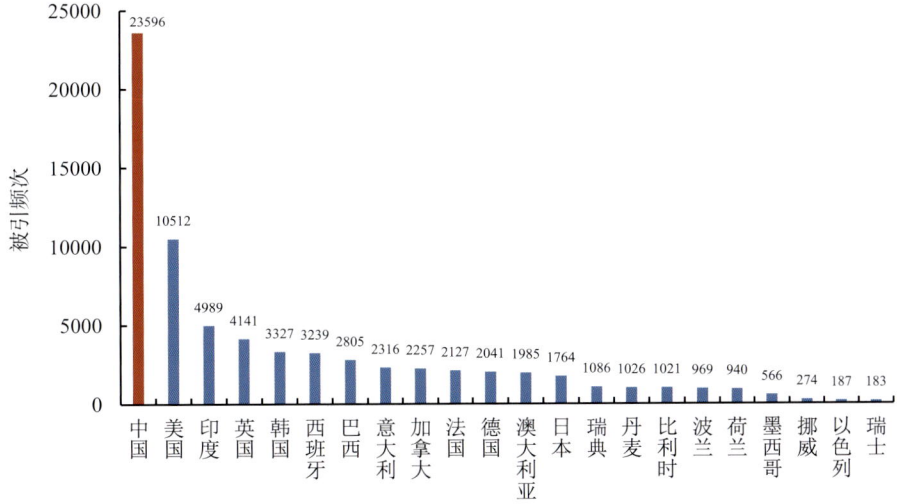

图 2-13-4　2014—2016 年 22 国农业工程领域论文总被引频次统计

该学科的学科规范化的引文影响力波兰排名第一，其后依次为澳大利亚和瑞典，中国排名第四（图 2-13-5）。

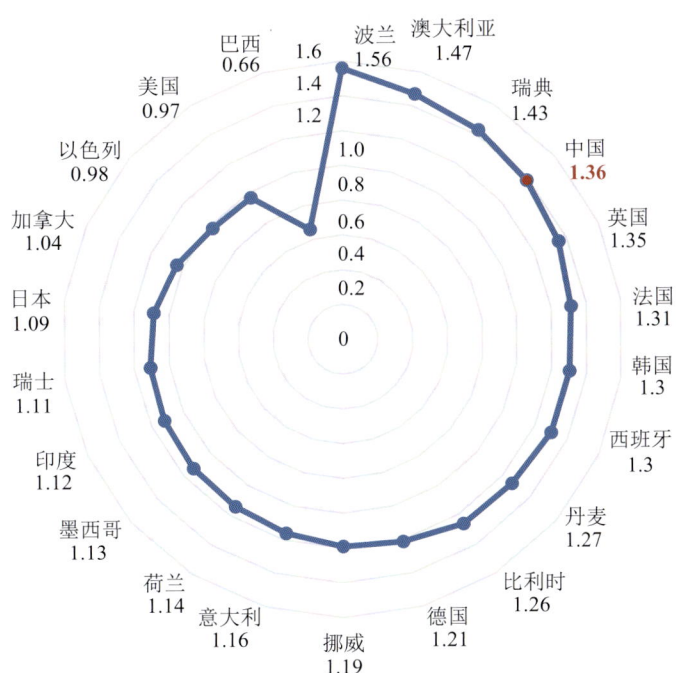

图 2-13-5　2014—2016 年 22 国农业工程领域论文学科规范化的引文影响力

2.13.3 科研发展力

22国该学科高被引论文54篇。其中,中国排名第一,其他依次是美国和印度等(图2-13-6)。

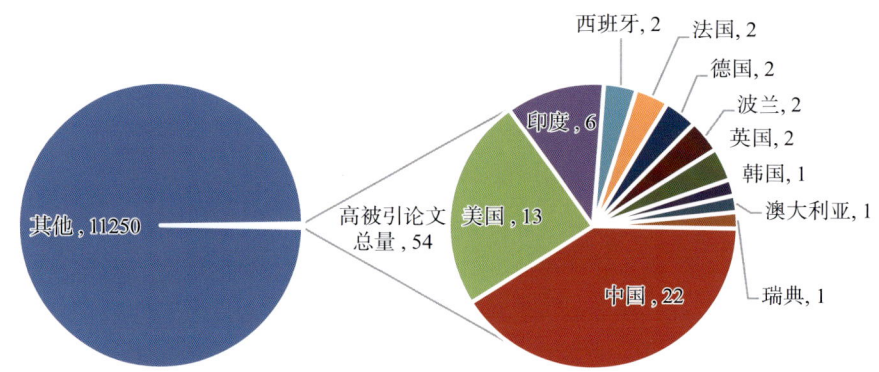

图 2-13-6　2014—2016 年 22 国农业工程领域论文中高被引论文总量国别分布(单位:篇)

该学科Q1期刊论文中,中国排名第一,其次依次为美国、印度、英国、西班牙和巴西等(图2-13-7)。

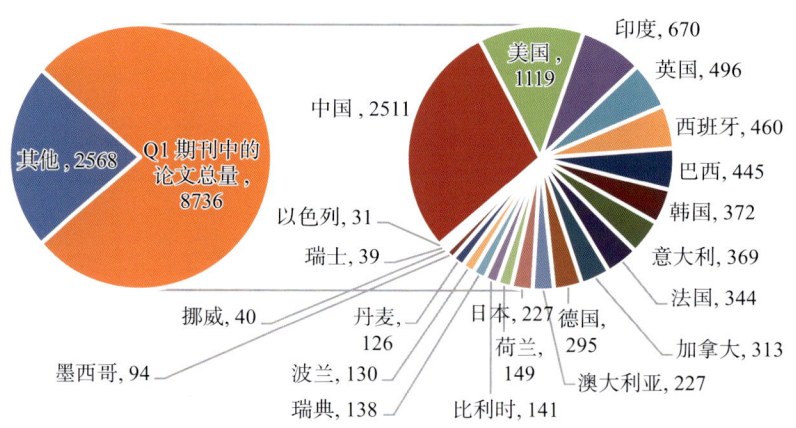

图 2-13-7　2014—2016 年 22 国农业工程领域论文中 Q1 期刊论文量国别分布(单位:篇)

2014年、2015年和2016年,我国该学科Q1期刊论文量分别为754篇、836篇和921篇,呈现逐年增长趋势(图2-13-8)。

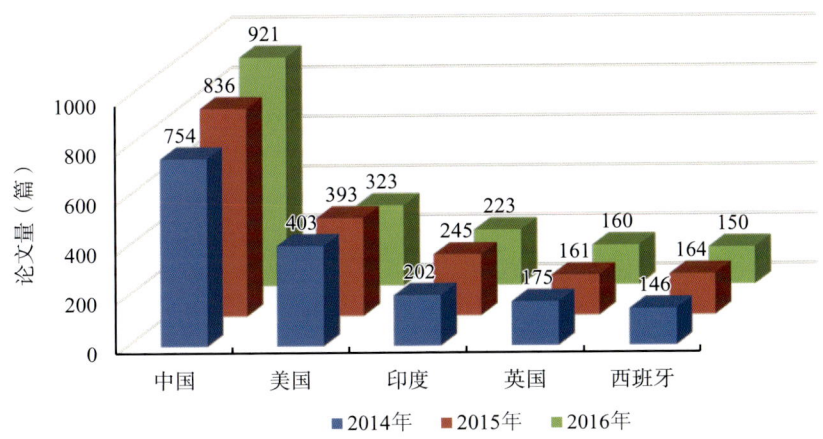

图 2-13-8　农业工程领域排名前 5 位国家的 Q1 期刊中的论文量年代分布

2.13.4　国际合作力

从全球该学科国际合作论文来看，中国排名第一，其次是美国、英国、西班牙、法国和加拿大等（图 2-13-9）。

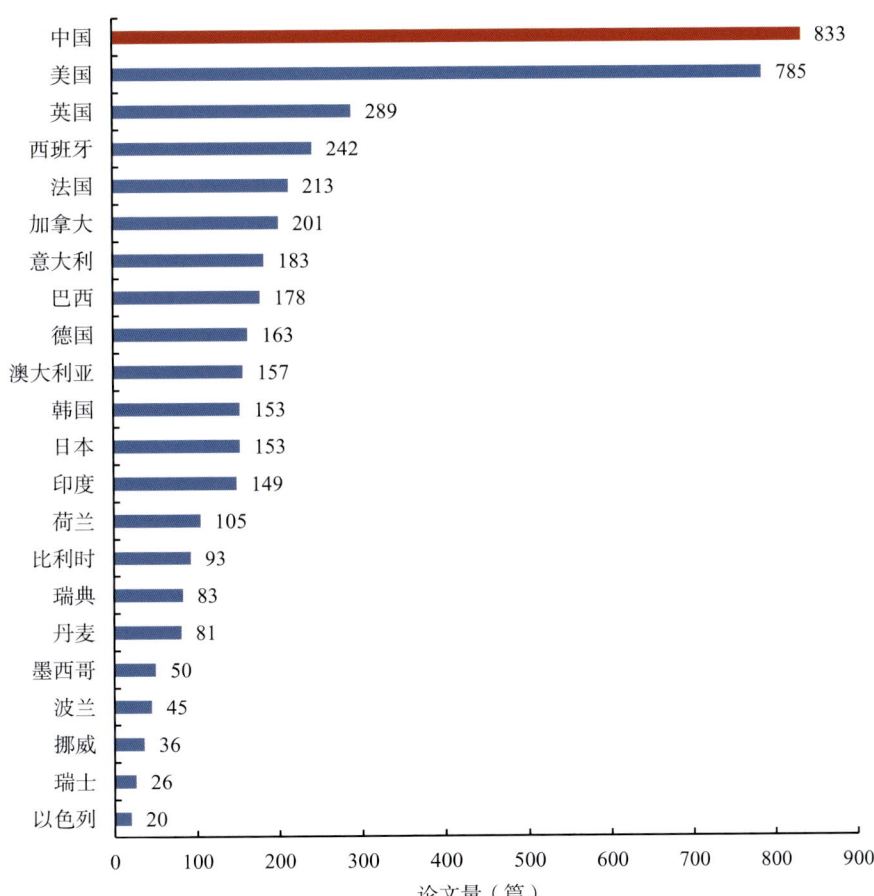

图 2-13-9　2014—2016 年 22 国农业工程领域国际合作论文总量国别分布

2014 年、2015 年和 2016 年，我国该学科国际合作论文量分别为 245 篇、267 篇和 321 篇。2015 年和 2016 年呈现逐年增长的趋势（图 2-13-10）。

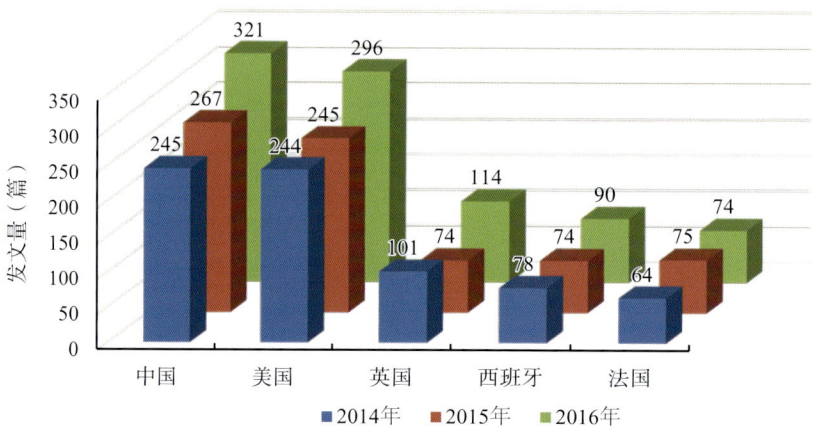

图 2-13-10　农业工程领域国际合作论文发文量排名前 5 位国家的国际合作论文发文量年代分布

该学科国际合作论文排名前 5 位的国家近 3 年合作论文量都有增有减（图 2-13-11）。

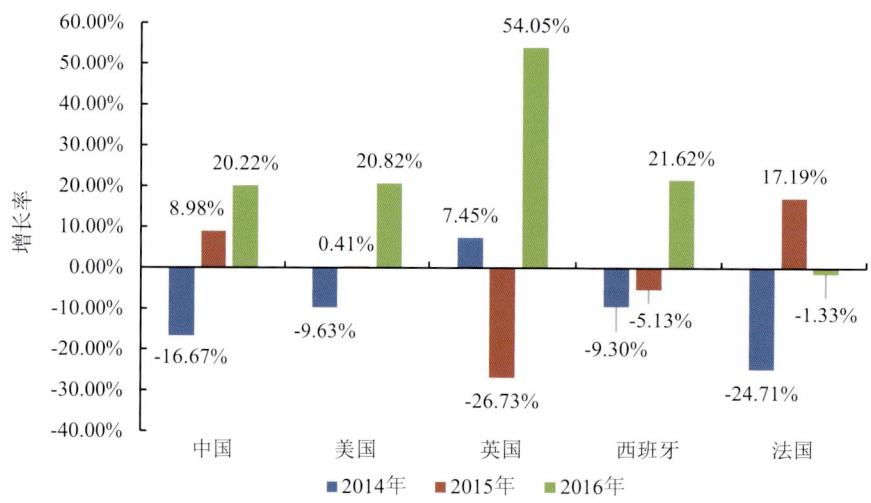

图 2-13-11　农业工程领域国际合作论文量排名前 5 位国家的各年国际合作论文增长率

该学科与我国合作最多的国家是美国，其他依次是澳大利亚、加拿大、日本、英国和印度等（图 2-13-12）。

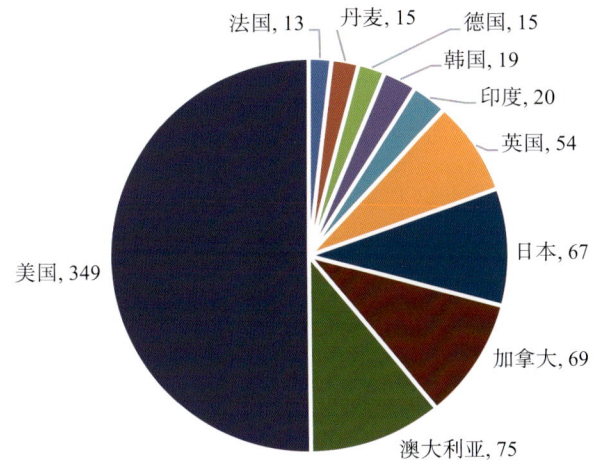

图 2-13-12　农业工程领域与中国合作论文量排名前 10 位的国家及论文量（单位：篇）

2.13.5　该学科代表性机构

（1）该学科全球代表性机构

全球综合指标排名前 10 位的机构依次是中国科学院、美国农业部、印度科学与工业研究理事会、中国的哈尔滨工业大学、中国的浙江大学、印度理工学院、中国农业大学、法国国家科学研究中心、巴西的圣保罗大学和美国的加利福尼亚大学（图 2-13-13）。

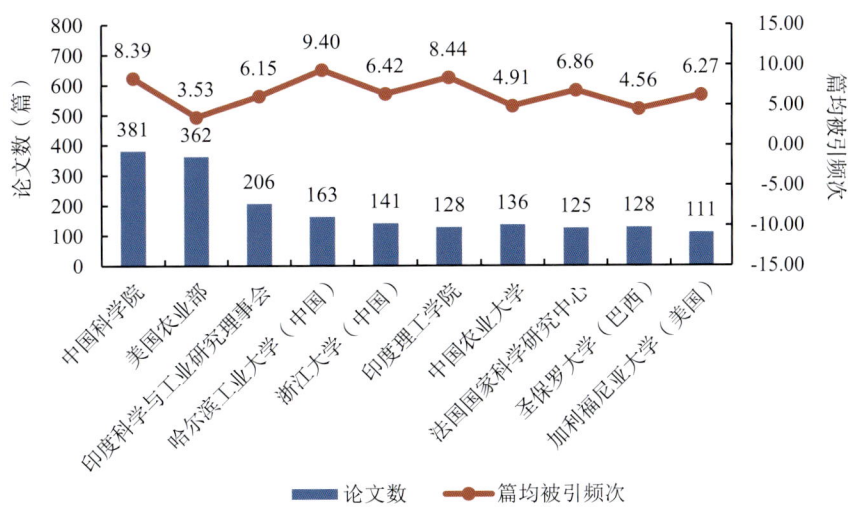

图 2-13-13　农业工程领域全球代表性机构

（2）该学科中国代表性机构

我国综合指标排名前 10 位的机构依次是中国科学院、哈尔滨工业大学、浙江大学、中国农业大学、北京林业大学、清华大学、华南理工大学、同济大学、山东大学和大连理工大学（图 2-13-14）。

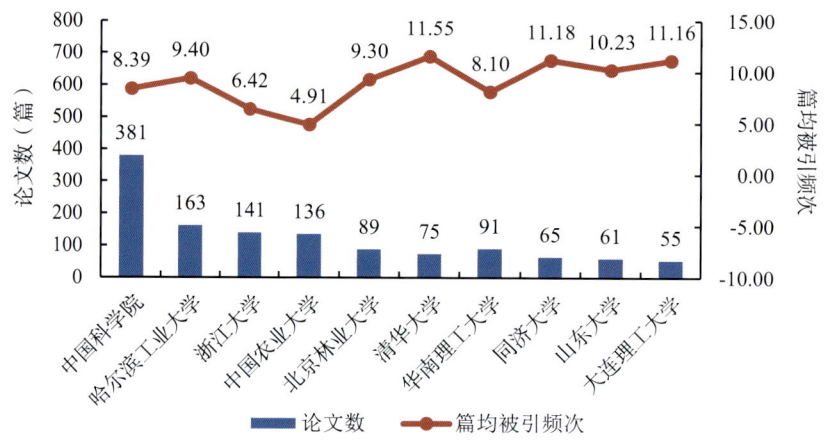

图 2-13-14　农业工程领域中国代表性机构

2.14　分析化学与应用化学领域论文竞争力分析

2.14.1　科研生产力

22 国该学科论文总量 5704 篇，中国在该领域的论文总量排名第一，且远远超过第二名美国。西班牙、意大利和德国紧随其后（图 2-14-1）。

2014 年、2015 年和 2016 年，中国该学科论文量分别是 628 篇、505 篇和 569 篇（图 2-14-2）。

2014 年和 2016 年我国该学科论文量较前一年有上升，2015 年较前一年略有下降（图 2-14-3）。

2 全球农业科技论文竞争力分析

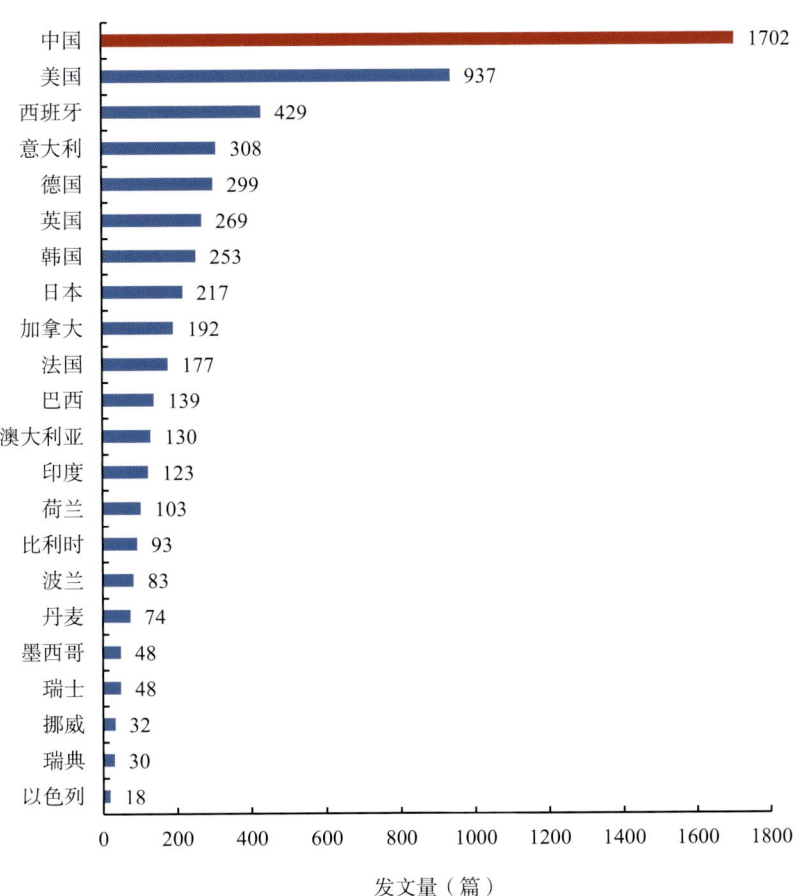

图 2-14-1 2014—2016 年分析化学与应用化学领域论文总发文量国别分布

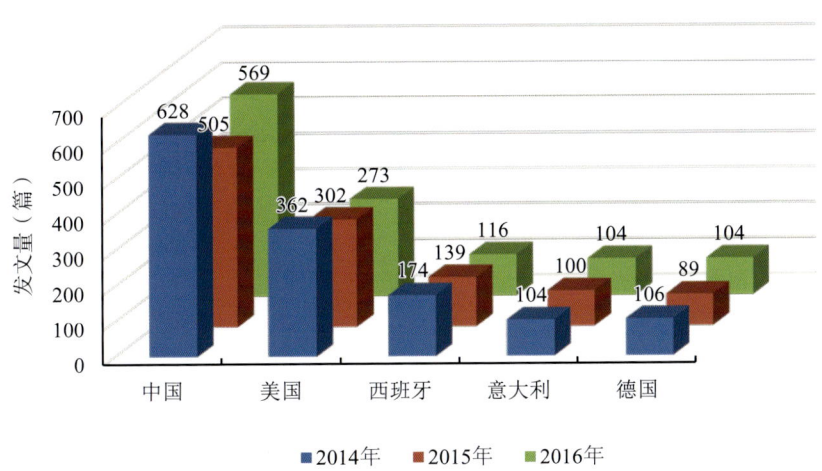

图 2-14-2 分析化学与应用化学领域排名前 5 位国家的论文发文量年代分布

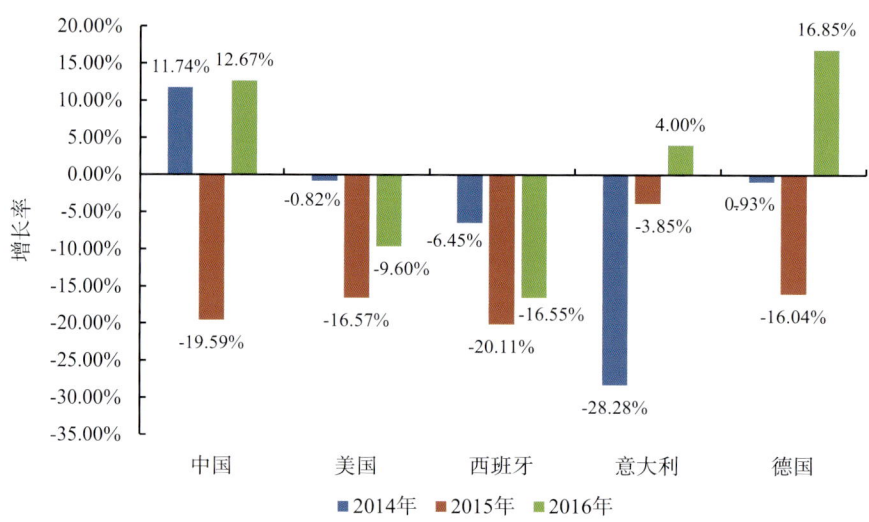

图 2-14-3　分析化学与应用化学领域总发文量排名前 5 位国家的各年论文增长率

2.14.2　科研影响力

22 国该学科总被引频次 30106，中国在该领域的总被引频次排名第一，美国排名第二。其次是西班牙、英国和意大利（图 2-14-4）。

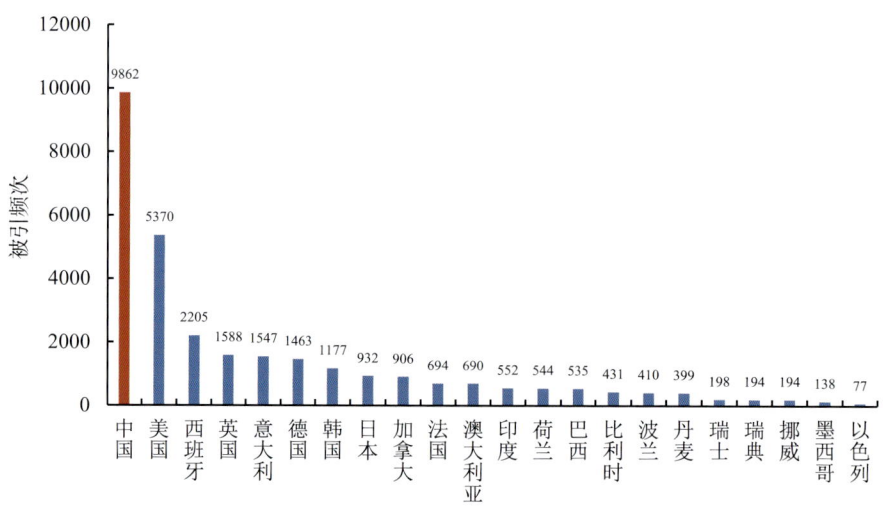

图 2-14-4　2014—2016 年 22 国分析化学与应用化学领域论文总被引频次统计

该领域学科规范化的引文影响力排名挪威第一，英国第二，中国排名第三。美国和澳大利亚紧随其后（图 2-14-5）。

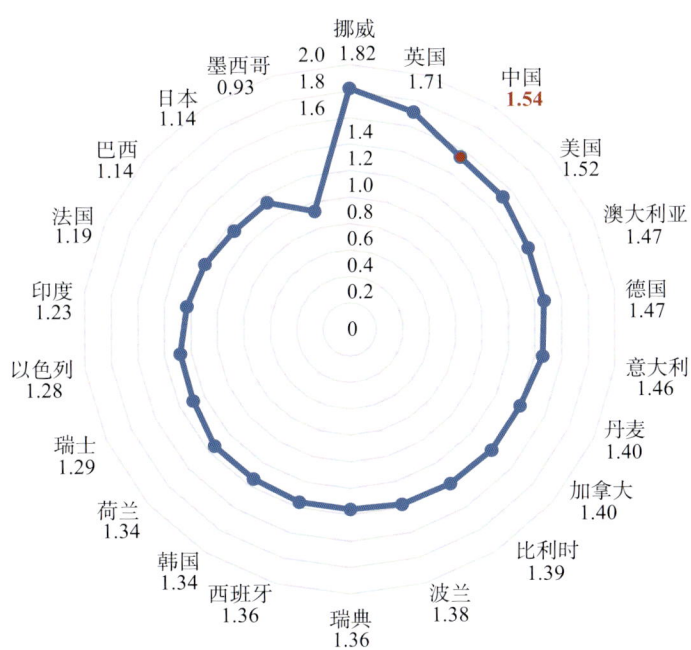

图 2-14-5　2014—2016 年 22 国分析化学与应用化学领域论文学科规范化的引文影响力

2.14.3　科研发展力

22 国该学科高被引论文总量 47 篇，中国第一，其他依次是美国、英国、西班牙等（图 2-14-6）。

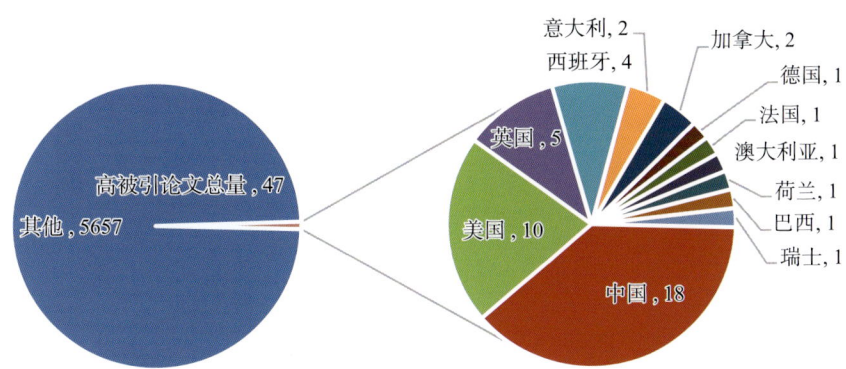

图 2-14-6　2014—2016 年 22 国分析化学与应用化学领域论文中
高被引论文总量国别分布（单位：篇）

该学科 Q1 期刊论文量，中国第一，美国第二，其后依次是西班牙、意大利等（图 2-14-7）。

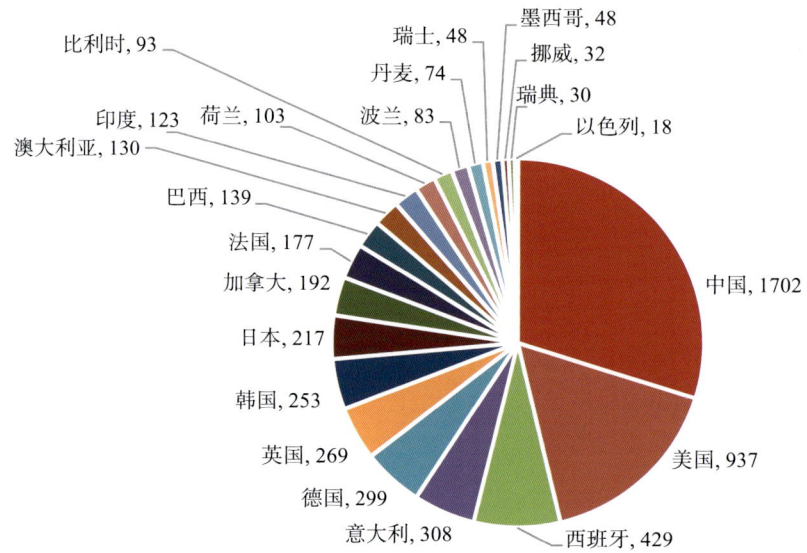

图 2-14-7　2014—2016 年 22 国分析化学与应用化学领域论文中 Q1 期刊论文量国别分布（单位：篇）

2014 年、2015 年和 2016 年我国该学科 Q1 期刊论文量分别是 628 篇、505 篇和 569 篇（图 2-14-8）。

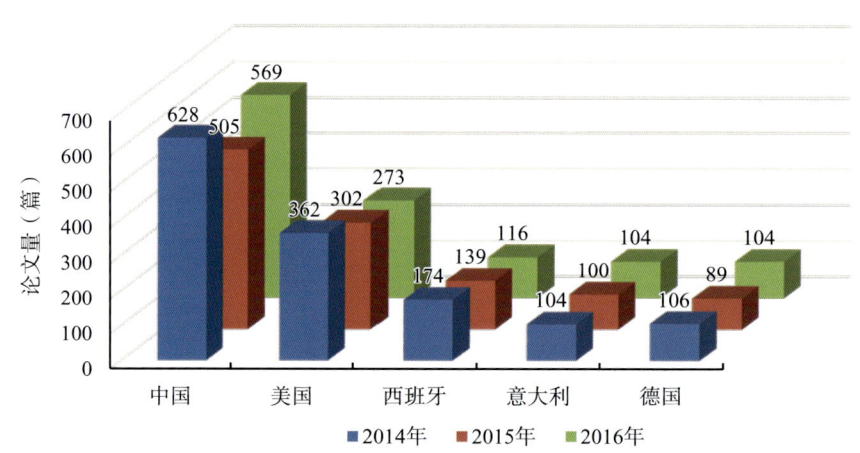

图 2-14-8　分析化学与应用化学领域排名前 5 位国家的 Q1 期刊中的论文量年代分布

2.14.4　国际合作力

从全球该学科国际合作论文总量国别分布来看，美国在该领域的国际合作论文量排名第一，中国排名第二。其次是英国、西班牙和加拿大（图 2-14-9）。

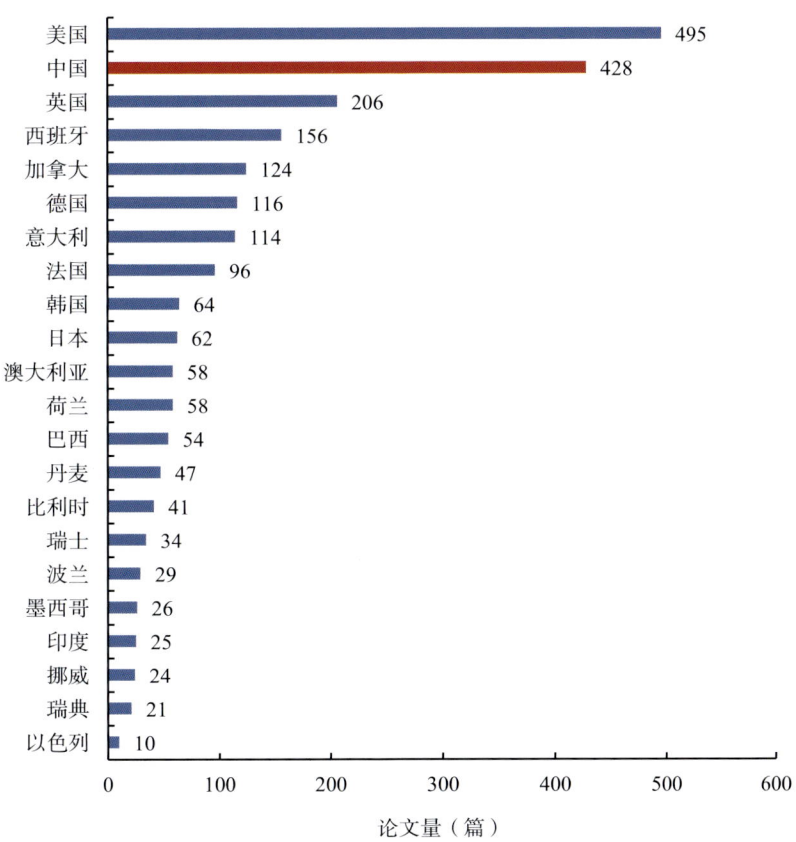

图 2-14-9　2014—2016 年 22 国分析化学与应用化学领域国际合作论文总量国别分布

2014 年、2015 年和 2016 年我国该学科国际合作论文量依次是 150 篇、131 篇和 147 篇（图 2-14-10）。

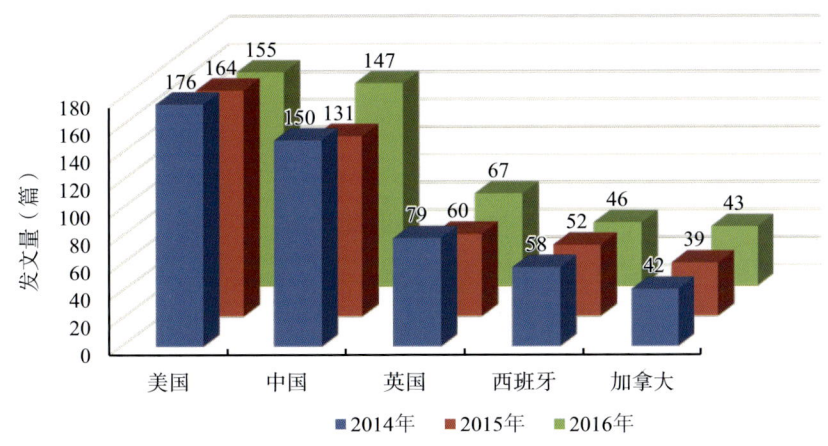

图 2-14-10　分析化学与应用化学领域国际合作论文发文量
排名前 5 位国家的国际合作论文发文量年代分布

2014年和2016年我国该学科国际合作论文量较前一年均有增长,2015年较前一年略有下降(图2-14-11)。

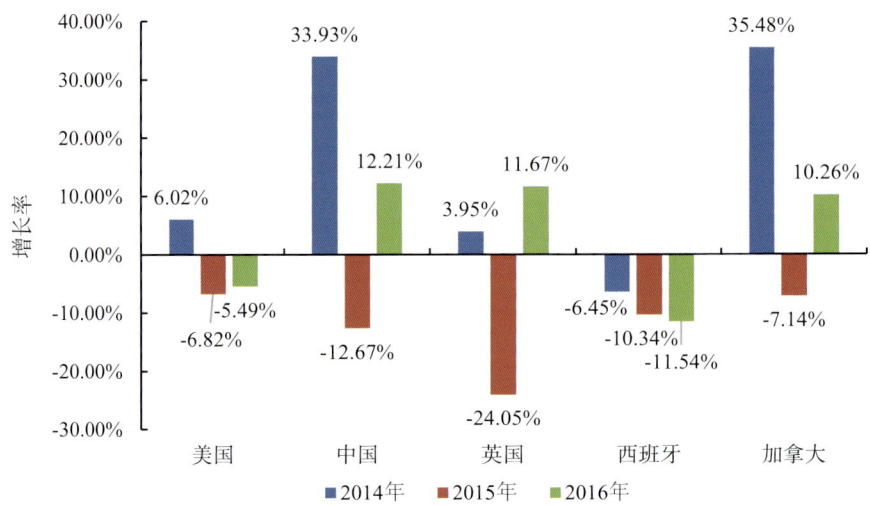

图2-14-11 分析化学与应用化学领域国际合作论文量
排名前5位国家的各年国际合作论文增长率

该学科与我国合作最多的是美国,其他依次是加拿大、英国、日本、澳大利亚和德国等(图2-14-12)。

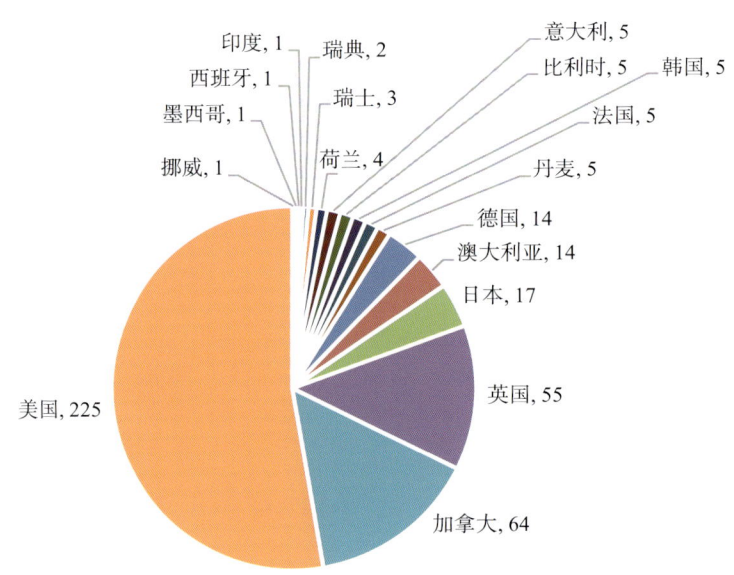

图2-14-12 分析化学与应用化学领域与中国合作的国家及论文量(单位:篇)

2.14.5 该学科代表性机构

（1）该学科全球代表性机构

全球综合指标排名前10位的机构依次是美国农业部、西班牙高等科学研究理事会、中国的江南大学、中国科学院、法国农业科学院、中国的华南理工大学、中国的南京农业大学、中国农业科学院、中国农业大学和美国的加利福尼亚大学（图2-14-13）。

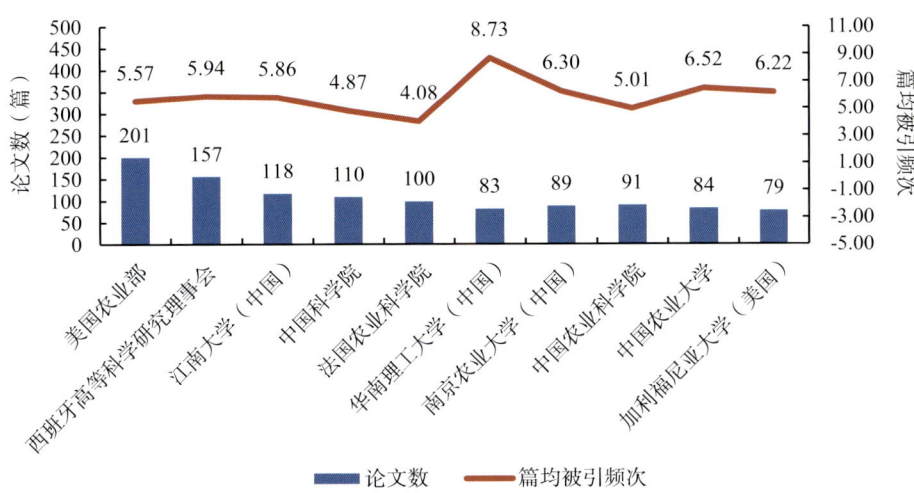

图2-14-13 分析化学与应用化学领域全球代表性机构

（2）该学科中国代表性机构

我国综合指标排名前10位的机构依次是江南大学、中国科学院、华南理工大学、南京农业大学、中国农业科学院、中国农业大学、南昌大学、台湾大学、浙江大学和台湾医科大学（图2-14-14）。

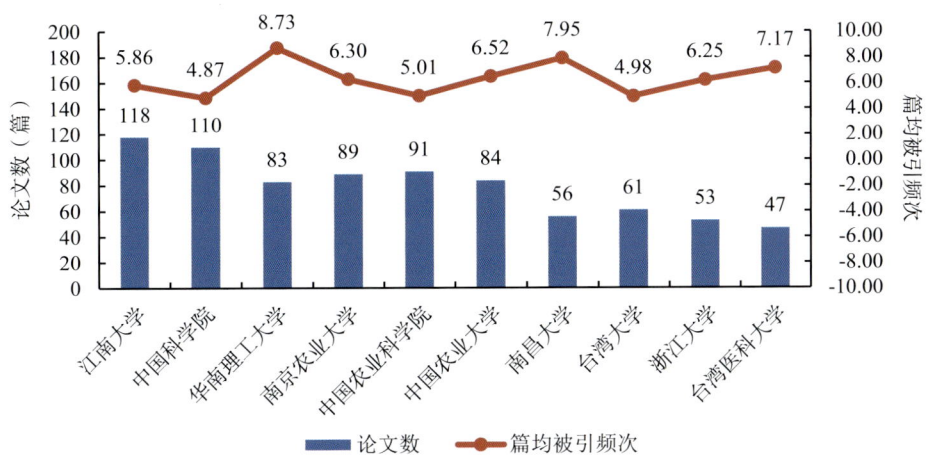

图2-14-14 分析化学与应用化学领域中国代表性机构

2.15 农业交叉学科领域论文竞争力分析

2.15.1 科研生产力

22国该学科论文总量18432篇。其中,中国的论文总量最多,其次是巴西、美国、印度、西班牙、英国等(图2-15-1)。

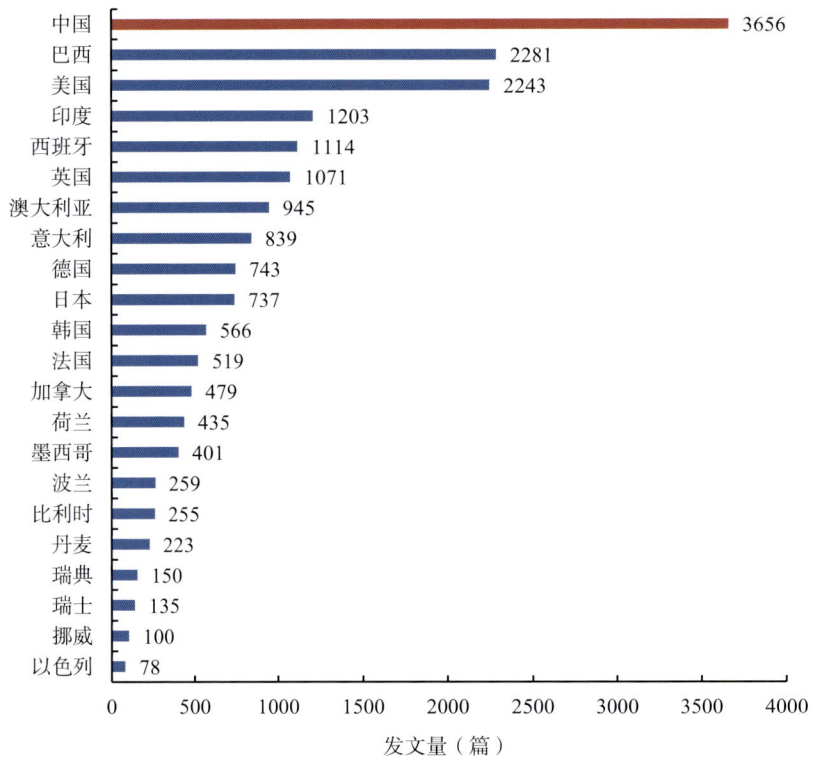

图2-15-1 2014—2016年农业交叉学科领域论文总发文量国别分布

将排名前5位国家的该学科论文数量按发表年代进行统计分析,对比我国和其他国家论文量发展趋势(图2-15-2)。

2014年、2015年和2016年我国该学科的论文量分别是1199篇、1137篇和1320篇(图2-15-2)。

2014年和2016年我国该学科的论文量较前一年略有增加,2015年较前一年略有减少。只有巴西每年论文量都在增加(图2-15-3)。

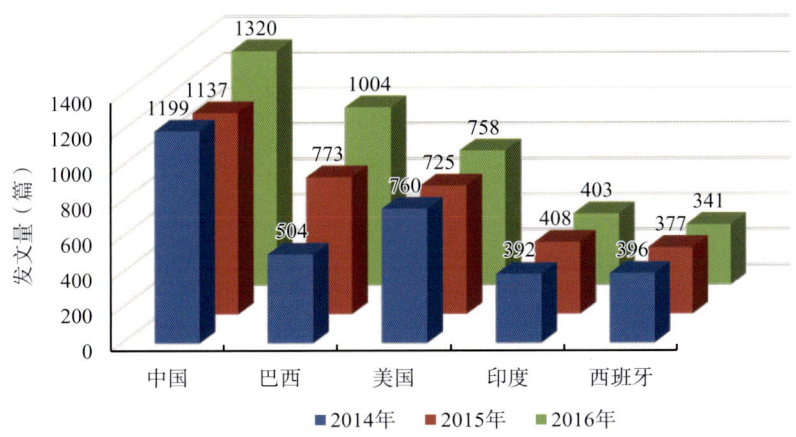

图 2-15-2　农业交叉学科领域排名前 5 位国家的论文发文量年代分布

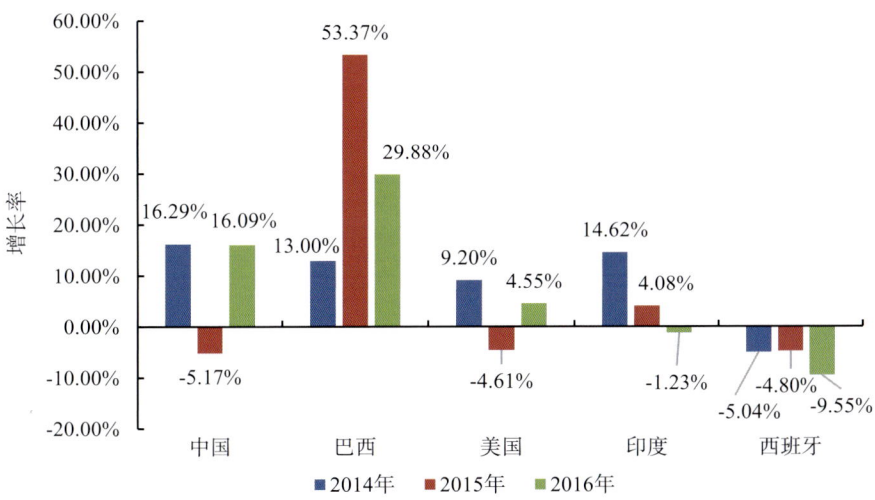

图 2-15-3　农业交叉学科领域总发文量排名前 5 位国家的各年论文增长率

2.15.2　科研影响力

22 国该学科总被引频次 59602，中国排名第一，其次是美国、英国、西班牙、澳大利亚和意大利等（图 2-15-4）。

该学科的学科规范化的引文影响力英国排名第一，其次是荷兰、丹麦、澳大利亚和以色列等。中国排名第十五（图 2-15-5）。

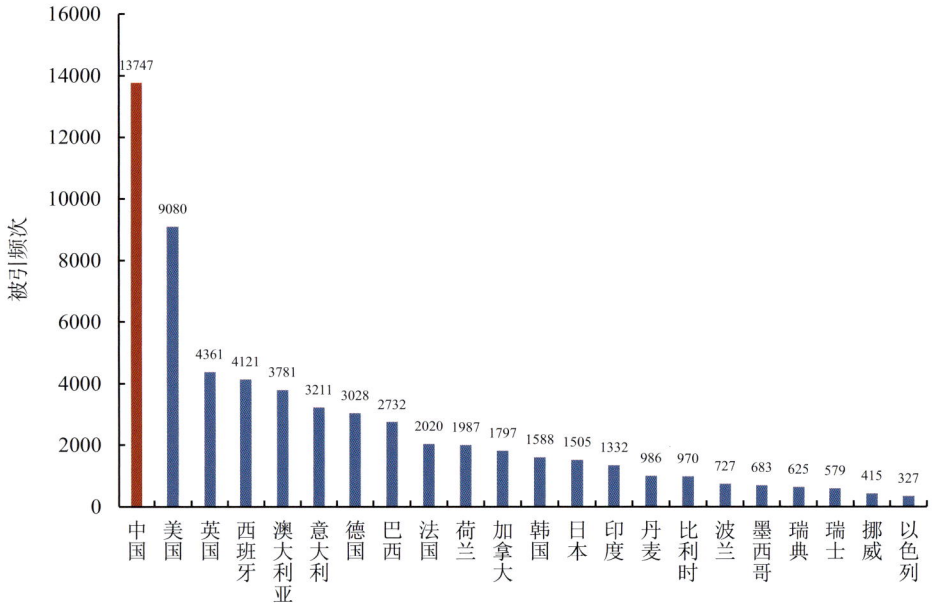

图 2-15-4　2014—2016 年 22 国农业交叉学科领域论文总被引频次统计

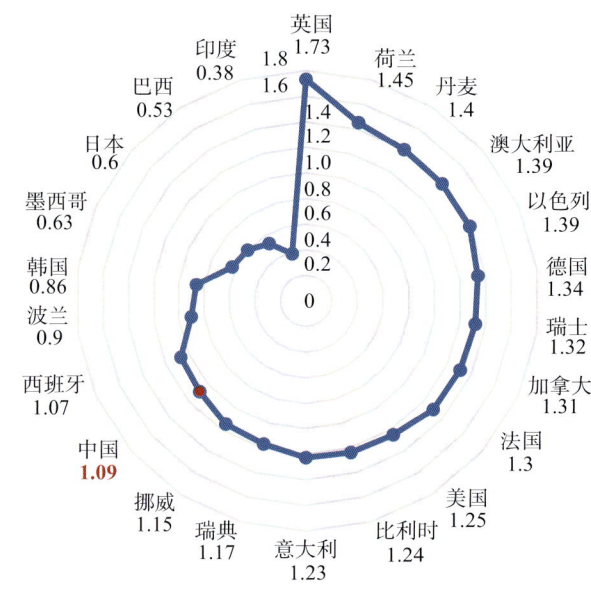

图 2-15-5　2014—2016 年 22 国农业交叉学科领域论文学科规范化的引文影响力

2.15.3　科研发展力

22 国该学科高被引论文总量 109 篇，巴西排名第一，中国排名第二，其次是美国、英国、西班牙和澳大利亚（图 2-15-6）。

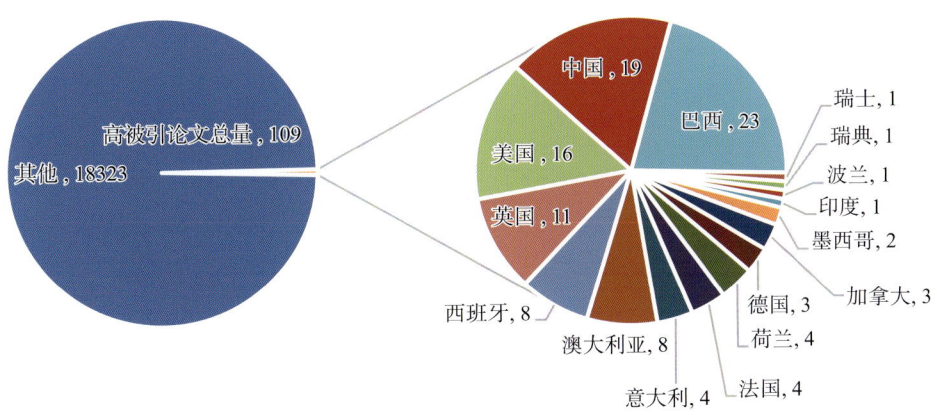

图 2-15-6　2014—2016 年 22 国农业交叉学科领域论文
中高被引论文总量国别分布（单位：篇）

该学科 Q1 期刊中的论文总量，中国排名第一，其次是美国、澳大利亚、英国、西班牙和德国（图 2-15-7）。

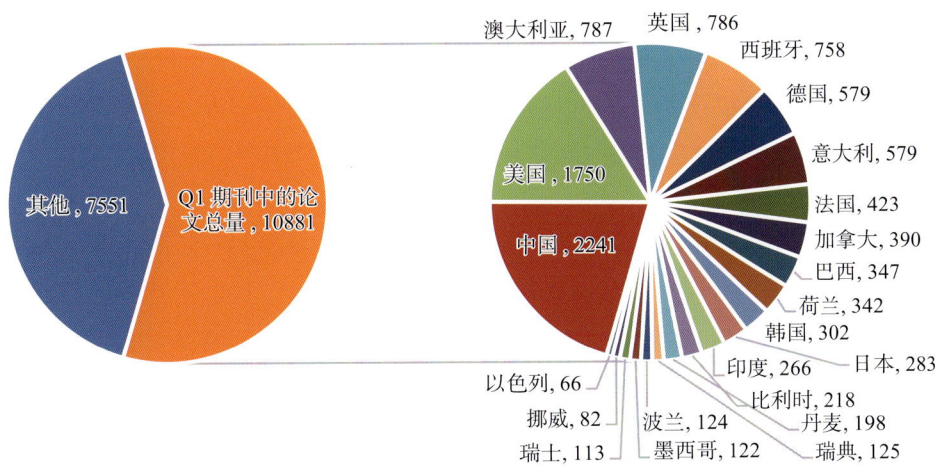

图 2-15-7　2014—2016 年 22 国农业交叉学科领域论文
中 Q1 期刊论文量国别分布（单位：篇）

2014 年、2015 年和 2016 年我国该学科 Q1 期刊论文量分别为 740 篇、661 篇和 840 篇（图 2-15-8）。

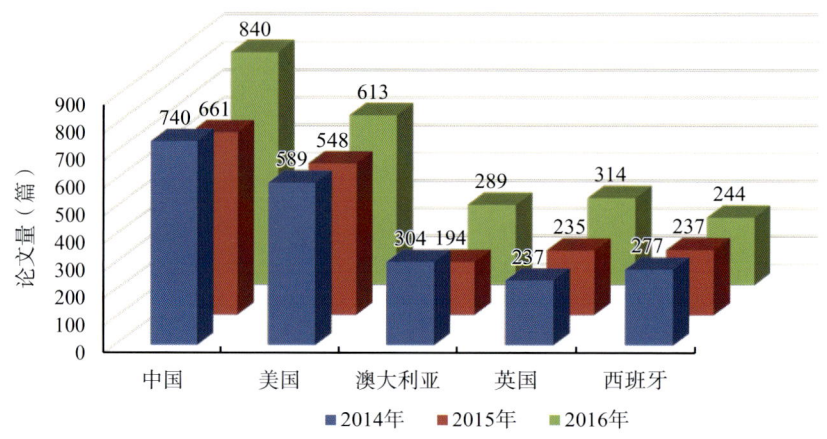

图 2-15-8　农业交叉学科领域排名前 5 位国家的 Q1 期刊中的论文量年代分布

2.15.4　国际合作力

从全球该学科国际合作论文总量国别分布来看，合作论文总量美国排名第一，其次是中国、英国、西班牙、澳大利亚和德国（图 2-15-9）。

2014 年、2015 年和 2016 年我国该学科国际合作论文量分别为 299 篇、320 篇和 380 篇（图 2-15-10）。

2014 年至 2016 年我国每年该学科国际合作论文量都在增加，其他 4 个国家都有论文量下降的年份（图 2-15-11）。

该学科与我国合作最多的国家是美国，其次是英国、加拿大、日本、澳大利亚和德国等（图 2-15-12）。

2.15.5　该学科代表性机构

（1）该学科全球代表性机构

全球综合指标排名前 10 位的机构依次是中国农业科学院、巴西农牧研究院、美国农业部、荷兰的瓦赫宁根大学、中国科学院、西班牙高等科学研究理事会、中国农业大学、法国农业科学院、巴西的圣保罗大学和美国的加利福尼亚大学（图 2-15-13）。

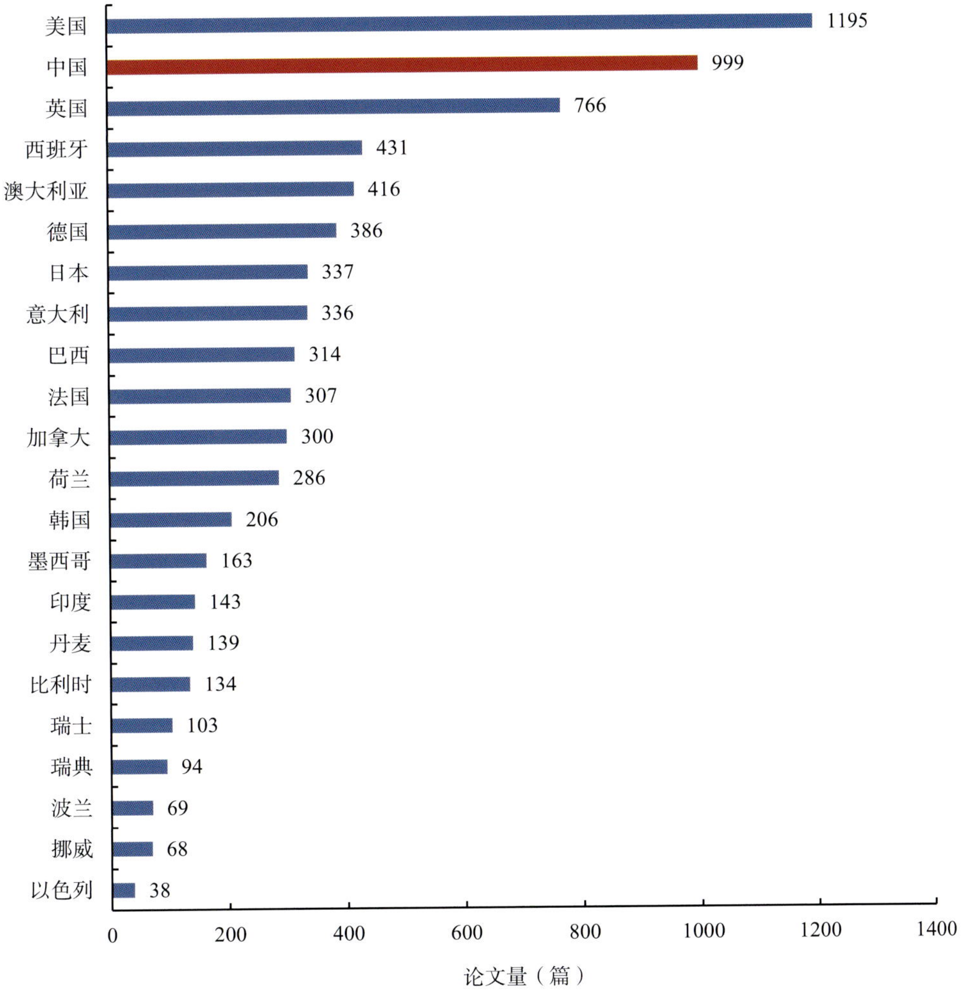

2 全球农业科技论文竞争力分析

国家	论文量（篇）
美国	1195
中国	999
英国	766
西班牙	431
澳大利亚	416
德国	386
日本	337
意大利	336
巴西	314
法国	307
加拿大	300
荷兰	286
韩国	206
墨西哥	163
印度	143
丹麦	139
比利时	134
瑞士	103
瑞典	94
波兰	69
挪威	68
以色列	38

图 2-15-9　2014—2016 年 22 国农业交叉学科领域国际合作论文总量国别分布

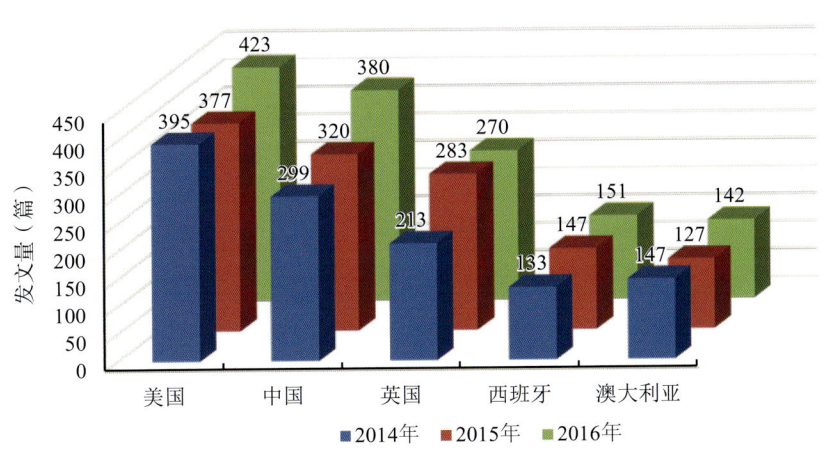

**图 2-15-10　农业交叉学科领域国际合作论文发文量
排名前 5 位国家的国际合作论文发文量年代分布**

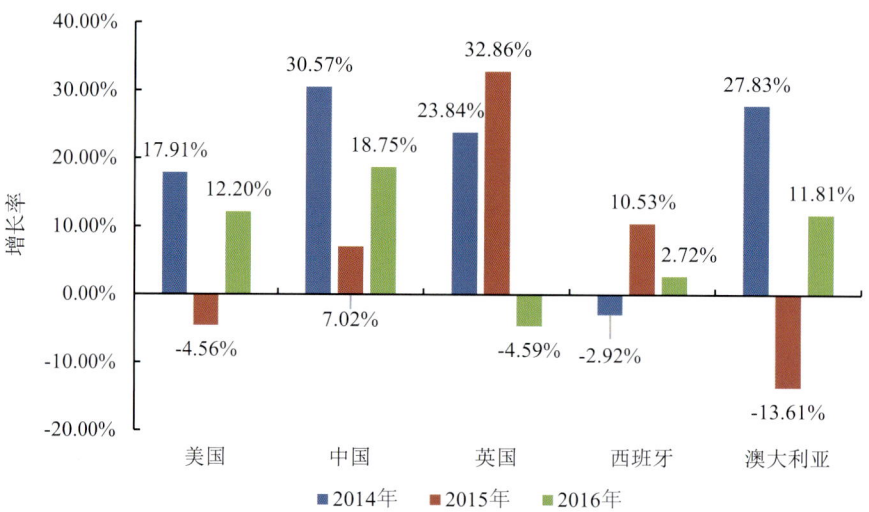

图 2-15-11　农业交叉学科领域国际合作论文量排名前 5 位国家的
各年国际合作论文增长率

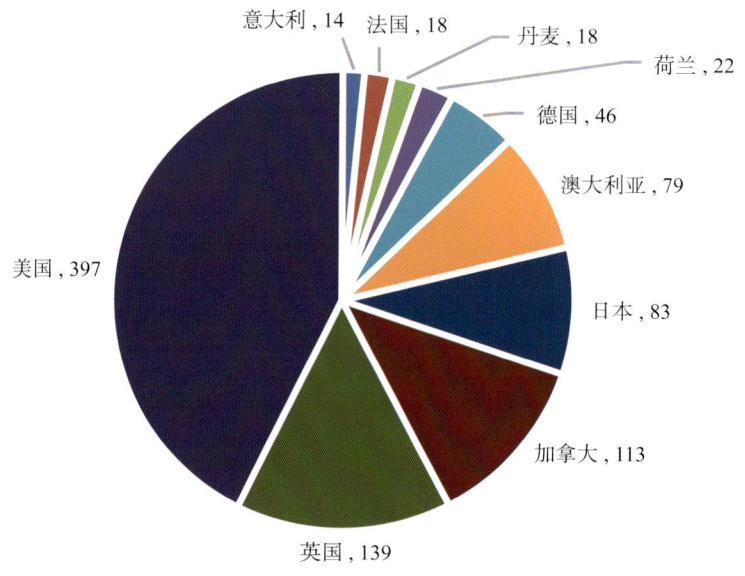

图 2-15-12　农业交叉学科领域与中国合作论文量排名前 10 位的
国家及论文量（单位：篇）

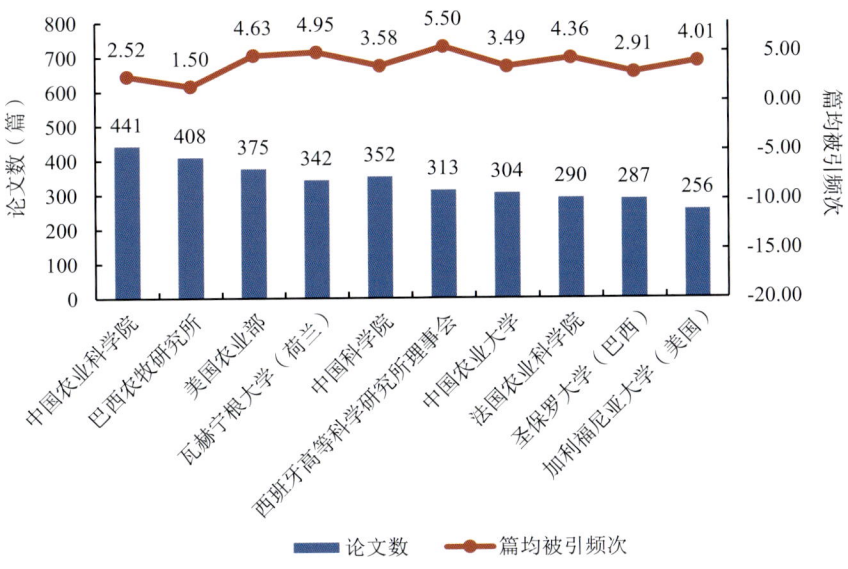

图 2-15-13 农业交叉学科领域全球代表性机构

（2）该学科中国代表性机构

我国综合指标排名前 10 位的机构依次是中国农业科学院、中国科学院、中国农业大学、南京农业大学、华南理工大学、江南大学、西北农林科技大学、南昌大学、浙江大学和台湾医科大学（图 2-15-14）。

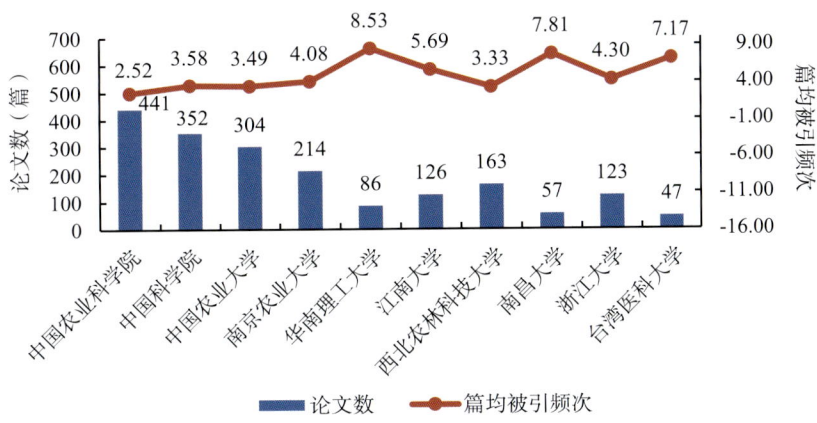

图 2-15-14 农业交叉学科领域中国代表性机构

2.16　农业经济和政策学领域论文竞争力分析

2.16.1　科研生产力

22国该学科论文总量2629篇，美国论文总量排名第一，其次是英国、中国、德国、澳大利亚和加拿大等（图2-16-1）。

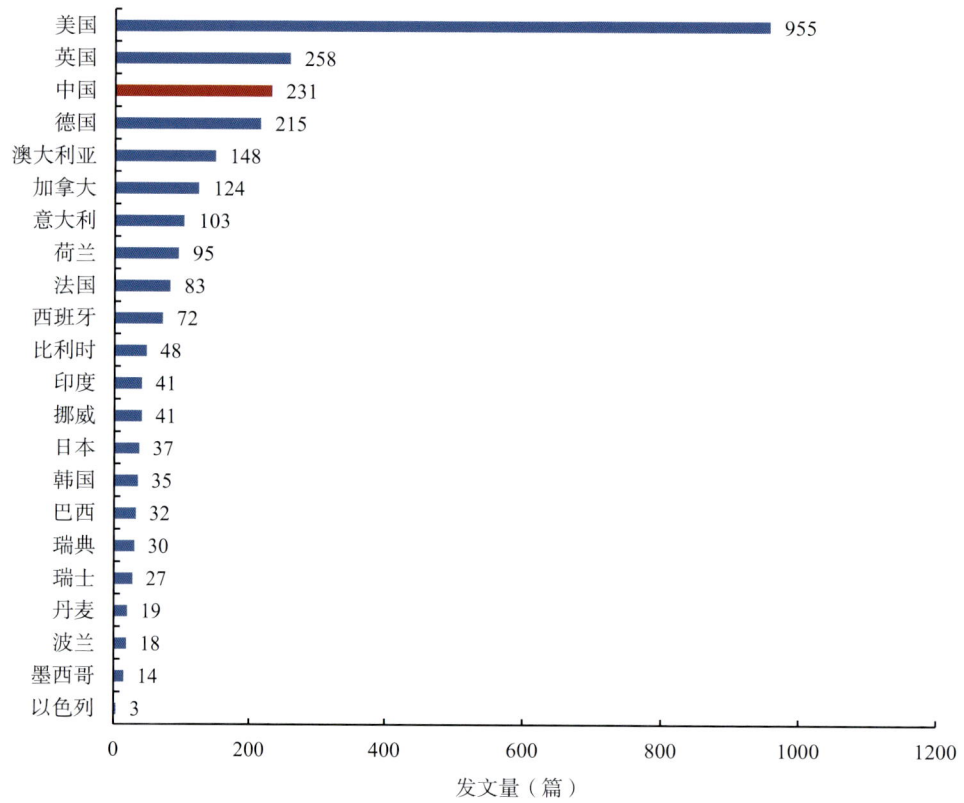

图2-16-1　2014—2016年农业经济和政策学领域论文总发文量国别分布

2014年、2015年和2016年我国该学科发文量分别是66篇、80篇和85篇（图2-16-2）。

2014—2016年我国该学科发文量逐年增长。其他论文量排名靠前国家的发文量各年有增也有减（图2-16-3）。

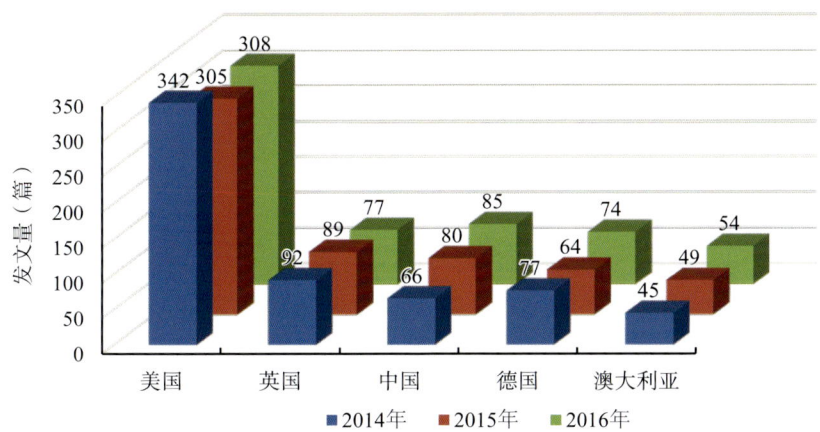

图 2-16-2 农业经济和政策学领域排名前 5 位国家的论文发文量年代分布

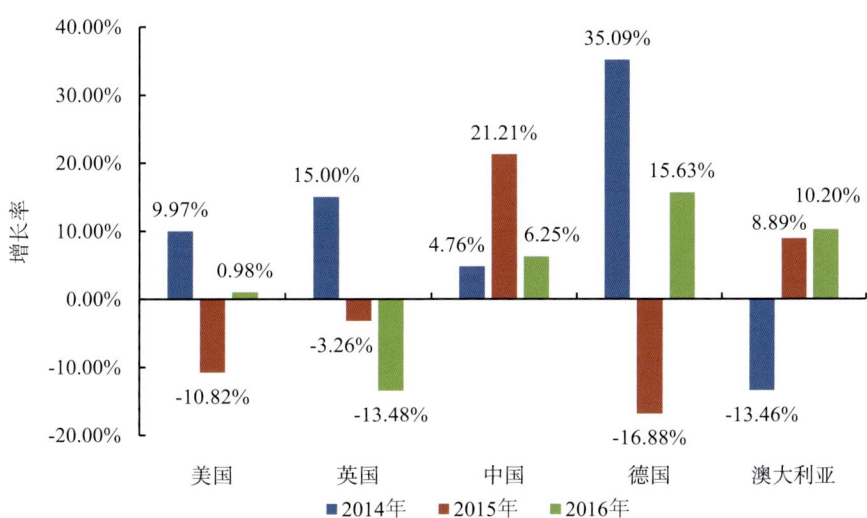

图 2-16-3 农业经济和政策学领域总发文量排名前 5 位国家的各年论文增长率

2.16.2 科研影响力

22 国该学科总被引频次 9043，美国总被引频次排名第一，其他是英国、德国、意大利、荷兰和澳大利亚等。中国排名第八（图 2-16-4）。

该学科的学科规范化的引文影响力日本排名第一，其他分别是丹麦、荷兰、比利时、意大利和挪威等。美国排名第十五。中国排名第二十一（图 2-16-5）。

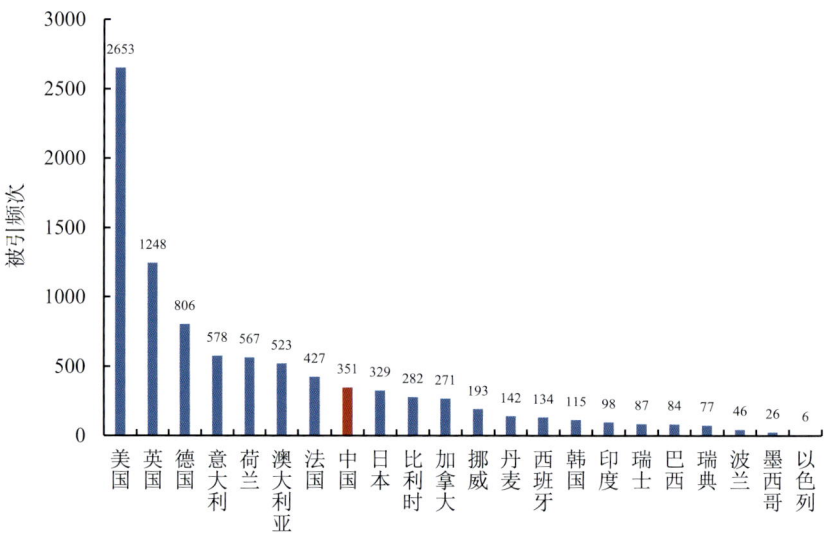

图 2-16-4 2014—2016 年 22 国农业经济和政策学领域论文总被引频次统计

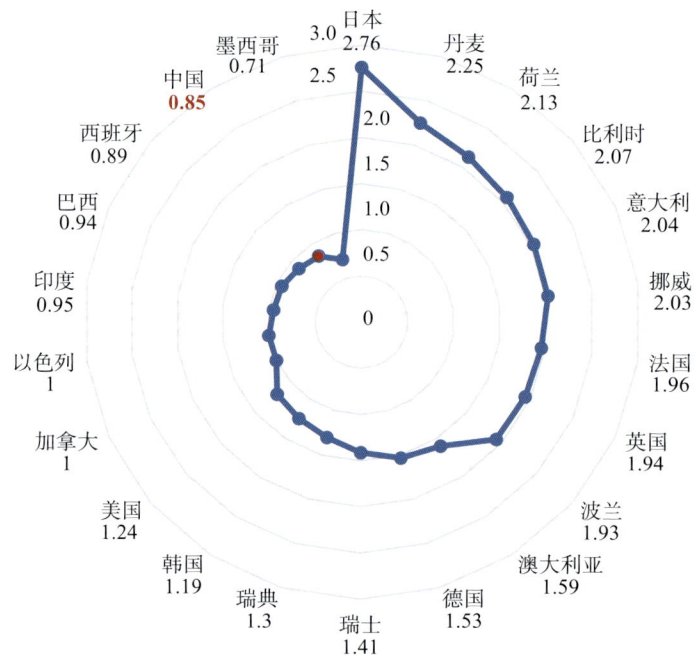

图 2-16-5 2014—2016 年 22 国农业经济和政策学领域论文学科规范化的引文影响力

2.16.3 科研发展力

22 国该学科高被引论文总量 57 篇，美国第一，其次是英国、德国、荷兰和澳大利亚等。我国没有高被引论文（图 2-16-6）。

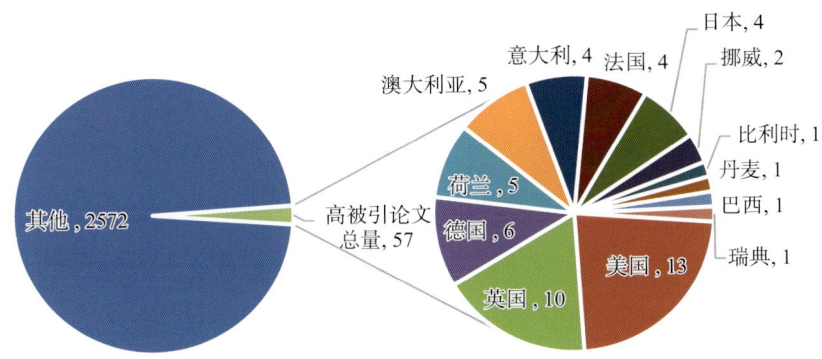

图 2-16-6　2014-2016 年 22 国农业经济和政策学领域论文中高被引论文总量国别分布

该学科 Q1 期刊论文美国第一，其次依次是英国、德国、澳大利亚、意大利和法国等。中国排名第八（图 2-16-7）。

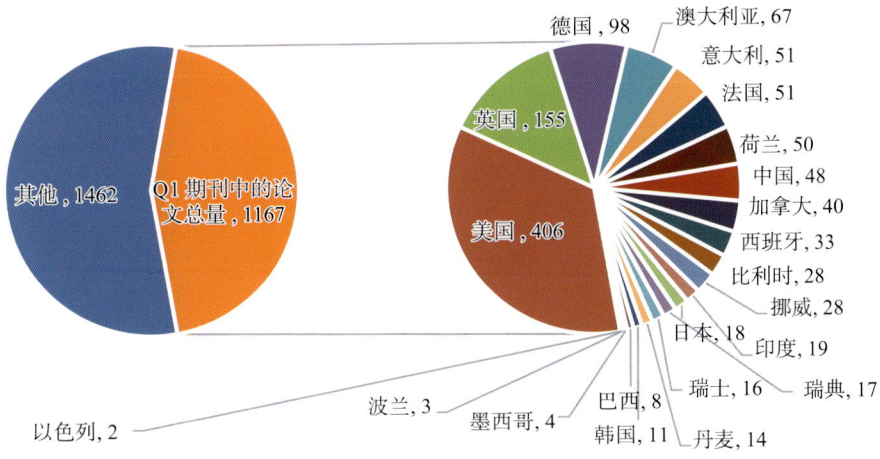

图 2-16-7　2014—2016 年 22 国农业经济和政策学领域论文中 Q1 期刊论文量国别分布（单位：篇）

2014 年、2015 年和 2016 年中国该学科 Q1 期刊论文量分别是 8 篇、12 篇和 28 篇（图 2-16-8）。

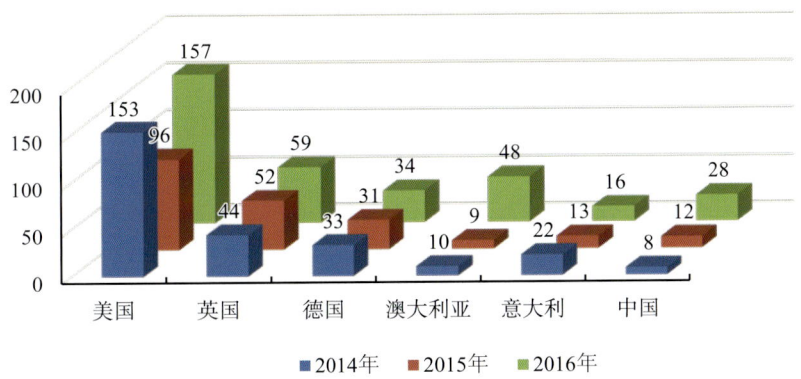

图 2-16-8　农业经济和政策学领域排名前 5 位国家的 Q1 期刊中的论文量年代分布

2.16.4 国际合作力

从全球该学科国际合作论文总量国别分布来看，美国合作论文量第一，其次是英国、中国、德国、澳大利亚和荷兰（图 2-16-9）。

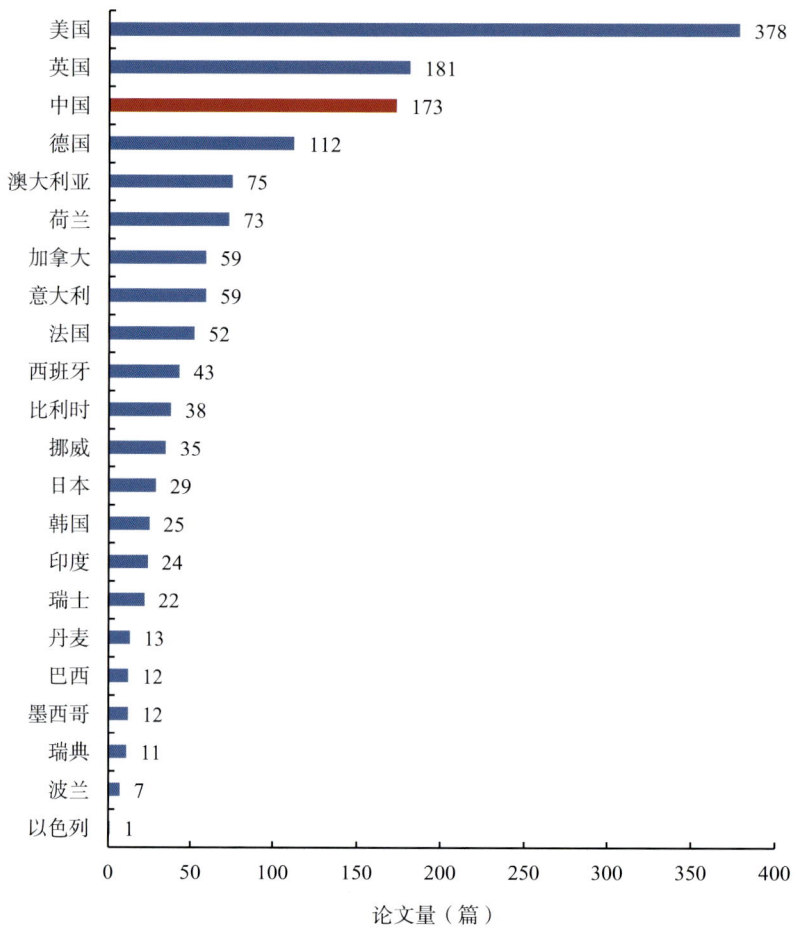

图 2-16-9　2014—2016 年 22 国农业经济和政策学领域国际合作论文总量国别分布

2014 年、2015 年和 2016 年我国该学科国际合作论文发文量依次是 38 篇、48 篇和 51 篇（图 2-16-10）。

2015 年和 2016 年我国国际合作论文量呈现增长趋势。2014 年我国合作论文较前一年略有减少。其他国家的合作论文各年也都有增有减（图 2-16-11）。

该学科与我国合作最多的国家是美国，其次是德国、英国、澳大利亚、日本和荷兰等（图 2-16-12）。

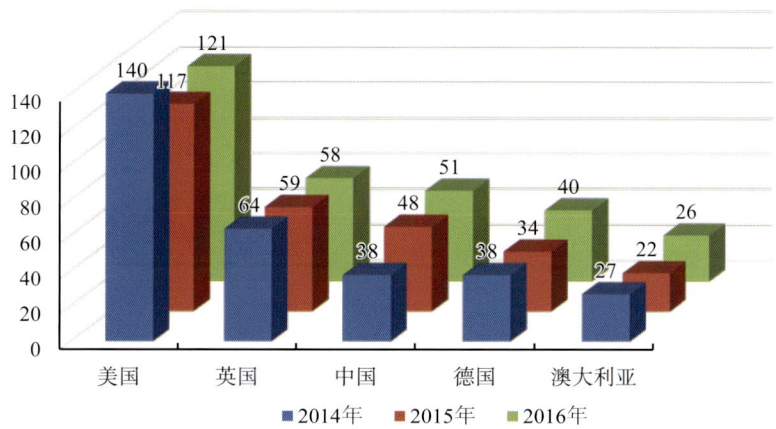

图 2-16-10 农业经济和政策学领域国际合作论文发文量排名前 5 位国家的国际合作论文发文量年代分布

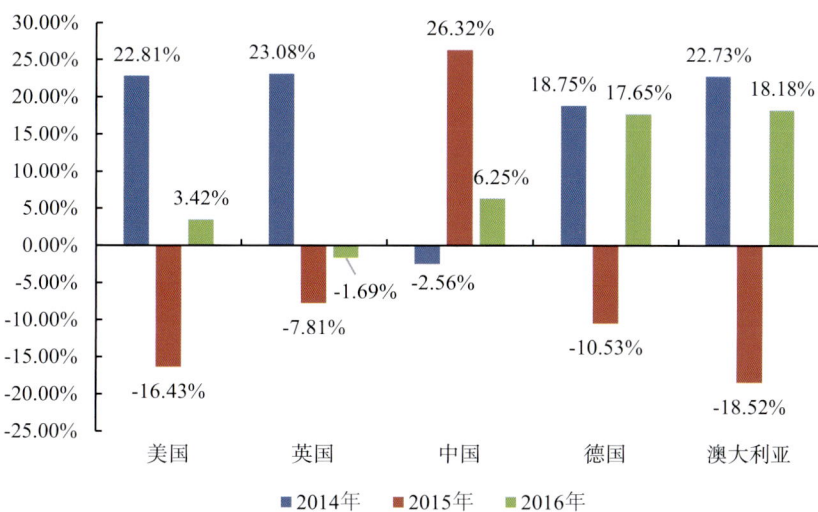

图 2-16-11 农业经济和政策学领域国际合作论文量排名前 5 位国家的各年国际合作论文增长率

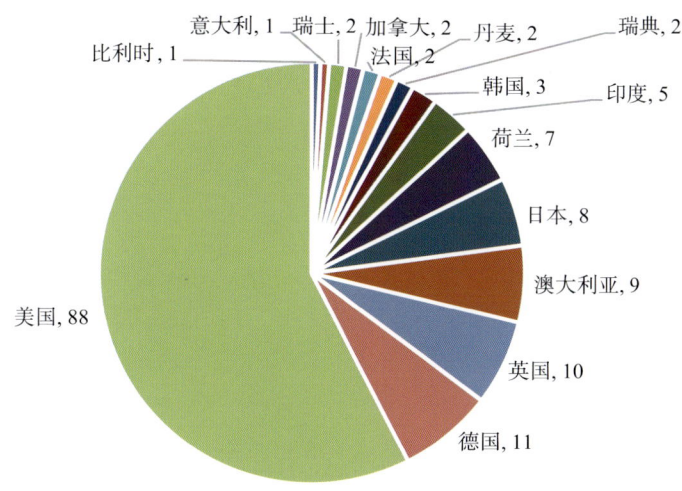

图 2-16-12 农业经济和政策学领域与中国合作的国家及论文量（单位：篇）

2.16.5 该学科代表性机构

（1）该学科全球代表性机构

全球综合指标排名前10位的机构依次是美国的加利福尼亚大学、美国农业部、美国的伊利诺伊大学、美国的普渡大学、国际食物政策研究所、荷兰的瓦赫宁根大学、美国的密歇根州立大学、美国的康奈尔大学、德国的哥廷根大学和联合国粮食及农业组织（图2-16-13）。

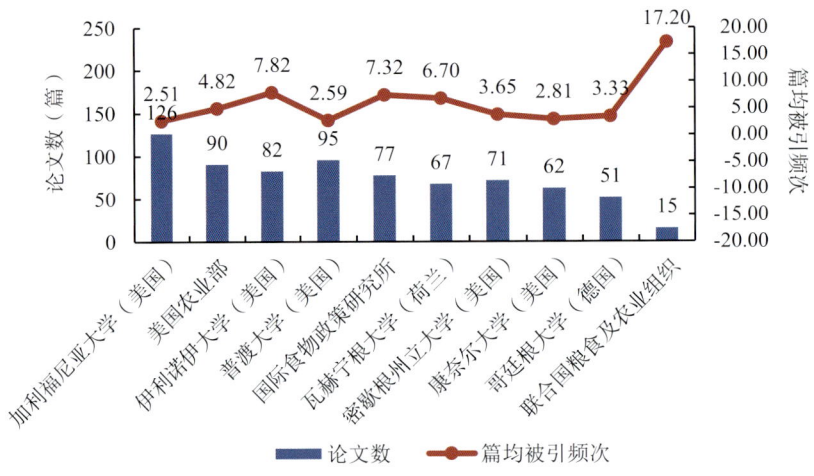

图 2-16-13　农业经济和政策学领域全球代表性机构

（2）该学科中国代表性机构

我国综合指标排名前10位的机构依次是中国农业大学、中国人民大学、中国科学院、南京农业大学、浙江大学、中央财经大学、北京大学、西北农林科技大学、华中农业大学和台湾大学（图2-16-14）。

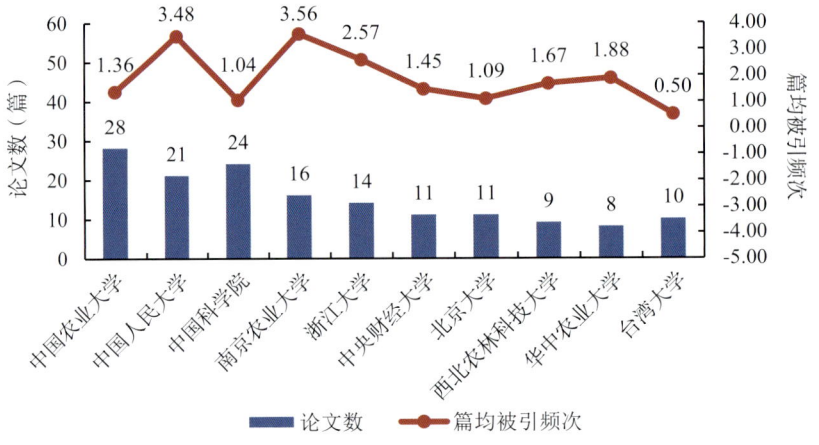

图 2-16-14　农业经济和政策学领域中国代表性机构

3

全球农业专利竞争力分析

3.1 技术产出竞争力

2014—2016年，全球22个重要农业国家发明专利申请[①]，中国以196903件高居榜首，占22国总申请量（374263件）的一半以上，是第二名美国（81295件）的2.42倍，日本、韩国和德国分别列第三、第四、第五位，申请量均在10000件以上。欧洲12国总申请量（40186件）占比10.74%。北美洲美国、加拿大和墨西哥3国总申请量（85870件）占比22.94%，主要贡献国为美国。亚洲国家中有中国、日本和韩国进入前五名。具体数据如图3-1-1所示。

3.2 技术水平竞争力

专利的技术水平可以通过专利质量和影响力来体现，具体细化为发明专利授权率、授权且有效发明专利数量、专利强度和专利平均被引频次4个指标进行评价。

---

① 本报告数据来源包括 Innography 和 Derwent Innovation 专利数据库及分析系统。数据检索日期为2017年10月20日。以农业领域国际专利分类（简称IPC）为检索条件，对2014—2016年全球22个重要农业国家农业专利数据进行采集。考虑到发明专利申请的新颖性、创造性、实用性审查严于实用新型和外观设计，本报告分析结果基于发明专利。

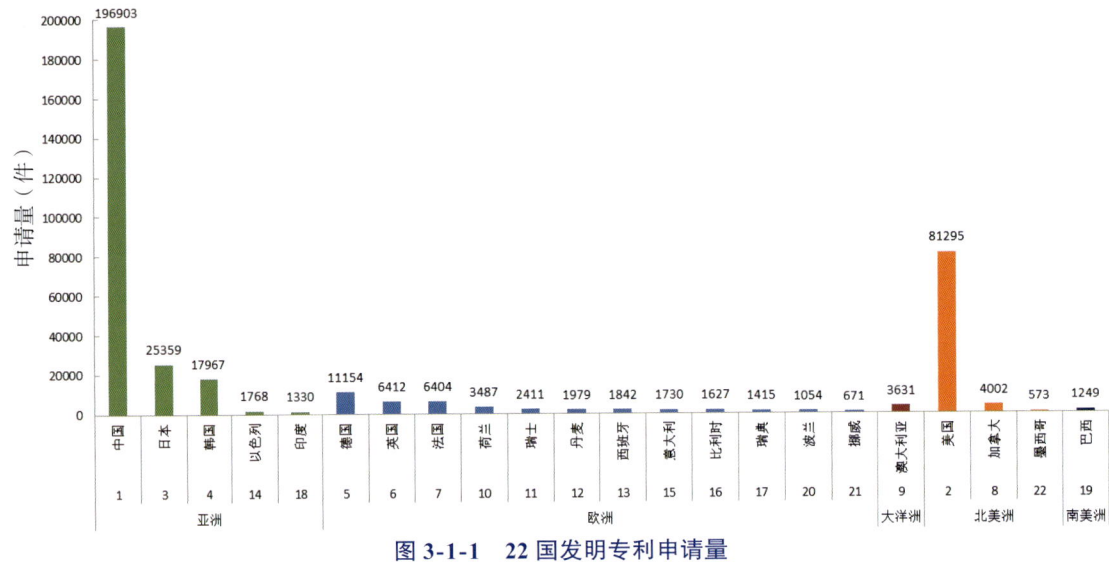

图 3-1-1　22 国发明专利申请量

3.2.1　发明专利授权率

发明专利授权率[①]可以作为评价专利质量的一个指标。2014—2016 年，韩国发明专利授权率达到 44.23%，远远高于其他国家。荷兰、澳大利亚分列第二、第三位。美国发明专利授权率为 16.38%，位居第五。欧洲国家中荷兰、西班牙表现突出，虽然申请总量与其他国家相比并不突出，但授权率分别达到 22.13% 和 19.27%。中国发明专利授权率仅为 13.20%，在 22 国中排名第九。具体见图 3-2-1。

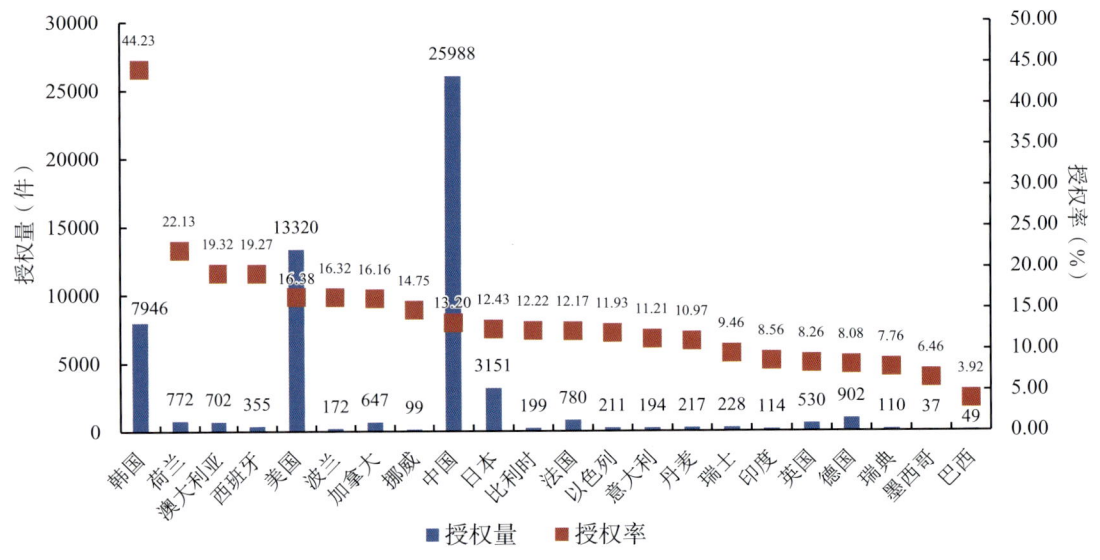

图 3-2-1　22 国发明专利授权量及授权率

① 专利授权率为专利授权量与专利申请量的比值。

3.2.2 授权且有效发明专利

中国和美国专利申请规模大,因此授权且有效发明专利量也远远高于其他国家。但中国授权且有效发明专利占比仅为13.17%,远落后于美国(19.55%),在22国中排名也相对靠后。同时由于仅统计2014—2016年申请数据,因此大部分授权专利都在有效期内。具体见图3-2-2。

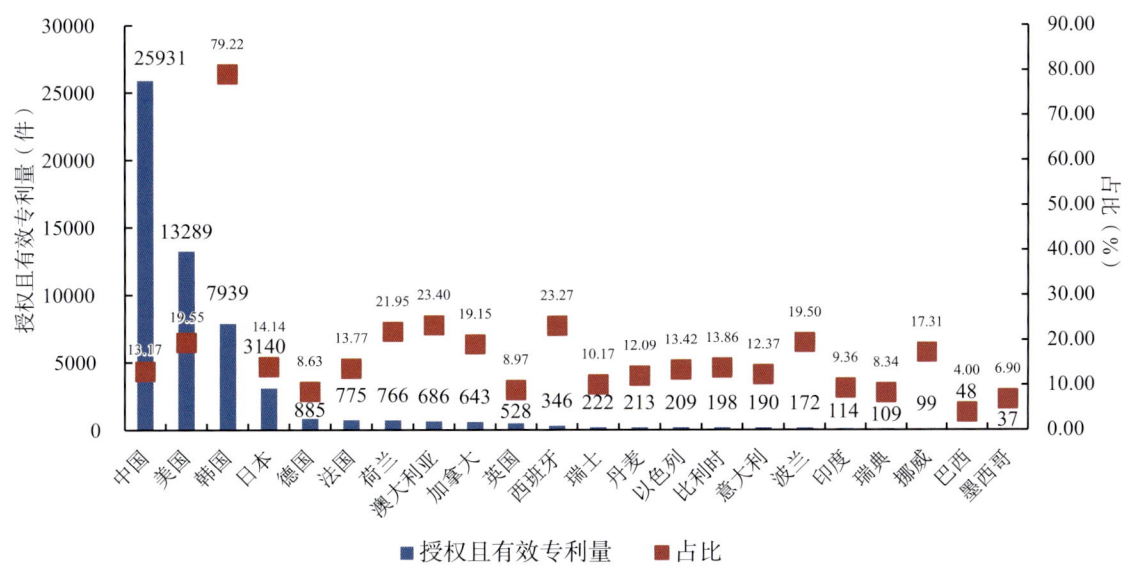

图3-2-2 22国授权且有效发明专利量

3.2.3 专利强度

专利强度[①]可以作为评价专利影响力的一个方面,受权利要求数量、引用与被引用次数、是否涉案、专利时间跨度和同族专利数量等因素影响,其强度的高低可以综合反映出该专利的文献价值。22个国家中,绝大多数专利强度都在0~5。各国专利强度大于5的专利量占比均在10%以下,其中美国最高,占比9.18%;以色列专利申请总量虽然排名

---

① 专利强度(Patent Strength)为专利价值判断的综合指标,涉及10余个影响因素,包括权利要求数量、引用与被引情况、同族专利数量、涉及诉讼情况、行业差异、专利申请时长、专利年龄、法律状态(有效、失效)等指标。

靠后，却拥有 7.60% 的高强度专利，高强度专利占比排名第二；加拿大、荷兰、丹麦和比利时紧随其后，占比均在 5% 以上；中国仅有 2.48% 的专利强度在 5 以上，在 22 国中排名相对靠后。高强度专利中，美国整体表现突出，其技术影响力遥遥领先。具体见表 3-2-1。

表 3-2-1　22 国专利强度统计

国家	专利强度占比（%）					
	0~5	>5	>6	>7	>8	9~10
美　国	90.82	9.18	6.07	3.20	1.63	0.60
中　国	97.52	2.48	1.67	0.20	0.01	0.00
德　国	95.99	4.01	2.59	1.32	0.41	0.20
印　度	98.09	1.91	1.27	0.64	0.07	0.00
英　国	95.46	4.54	2.96	1.51	0.70	0.13
澳大利亚	97.47	2.53	1.68	0.94	0.42	0.07
巴　西	98.99	1.01	0.46	0.15	0.00	0.00
意大利	96.55	3.45	2.39	1.43	0.85	0.11
西班牙	98.62	1.38	0.55	0.23	0.05	0.00
法　国	97.96	2.04	1.30	0.54	0.24	0.04
加拿大	93.56	6.44	4.27	2.30	1.00	0.29
荷　兰	94.49	5.51	3.45	1.81	0.93	0.23
日　本	98.34	1.66	1.04	0.46	0.12	0.04
瑞　士	95.28	4.72	3.37	1.35	0.89	0.19
瑞　典	97.00	3.00	1.73	0.73	0.27	0.00
波　兰	99.84	0.16	0.08	0.08	0.08	0.08
比利时	94.80	5.20	3.41	2.01	0.89	0.34
丹　麦	94.55	5.45	2.91	1.43	0.32	0.00
韩　国	99.38	0.62	0.34	0.17	0.04	0.01
挪　威	98.35	1.65	0.96	0.41	0.28	0.00
以色列	92.40	7.60	5.07	2.17	1.24	0.26
墨西哥	98.98	1.02	0.85	0.85	0.17	0.00

3.2.4　专利平均被引频次

被引率[①] 相对较高的国家是以色列和美国，均有 16% 以上的发明专利有被引记录。中国的被引率为 10.51%。对有被引用记录的专利进行统计，瑞士、美国和澳大利亚平均被引频次位居前三名，其中瑞士和美国平均被引频次均在 3 次以上。中国平均被引频次小于

---

① 被引率（%）= 有被引用记录的发明专利量 / 发明专利总量 ×100。

2次。对全部专利记录进行平均被引频次计算，美国以 0.50 次位居第一，中国仅为 0.20 次。具体见图 3-2-3。

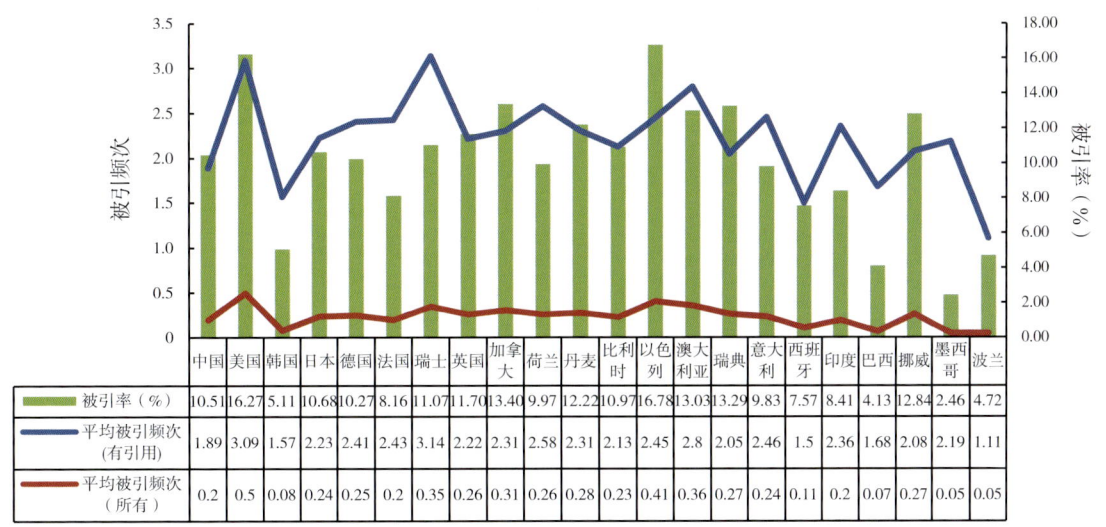

图 3-2-3　22 国专利平均被引频次统计

3.3　技术发展潜力竞争力

从申请趋势上看，中国发明专利的总申请量排名世界第一，2014—2016 年间，年度申请量均位列第一，并且以每年 23% 的高增长率逐年增长。美国发明专利总申请量和各年度申请量排名第二，但是美国自 2015 年开始呈现下降趋势。其他各国则呈现逐年下降趋势。日本、韩国和德国紧随其后，总申请量和年度申请量排在第三至第五位，日本同样自 2015 年开始呈现下降趋势，韩国和德国保持平稳。由于发明专利从申请到公开一般存在 18 个月的滞后期，2016 年数据仅供参考。具体见图 3-3-1。

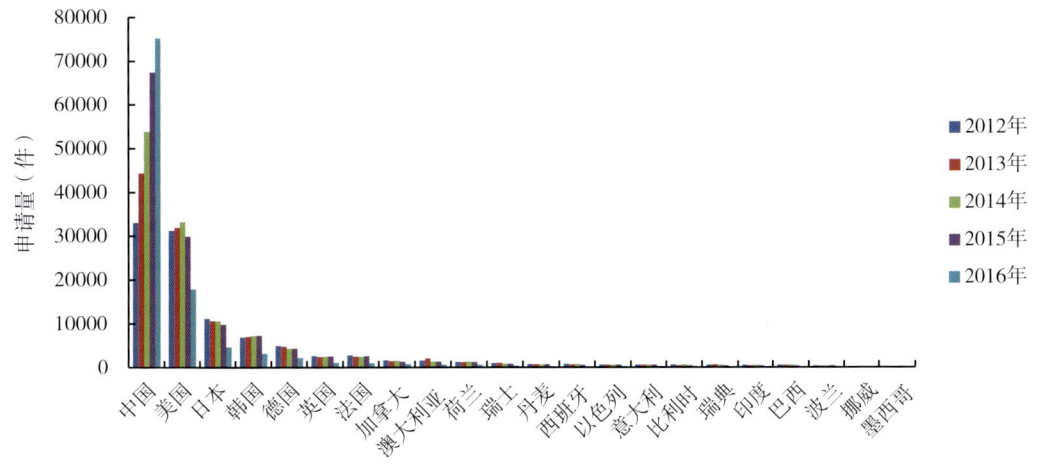

图 3-3-1　发明专利申请趋势

3.4 技术保护竞争力

专利技术保护主要聚焦各国对海外市场的关注。主要通过布局国家数量和域外专利占比、专利家族规模两个指标来评价。

3.4.1 布局国家数量和域外申请占比

专利布局国家数量可以用来说明技术输出的广度。22国都非常重视技术海外布局。美国、荷兰、法国、德国、意大利和日本作为技术来源国,技术输出范围在22国中排名相对靠前,输出国家分布更为广泛。除荷兰域外专利申请占比49.73%,其他4国均达到50%以上;中国向61个国家递交过农业领域技术专利申请,排名第七位,但域外申请占比仅为2.91%,占比排名最后一位;包括瑞士、英国、丹麦、比利时、瑞典、意大利、挪威、德国、法国、西班牙在内的欧洲国家,域外专利占比超过一半以上,具体见图3-4-1。

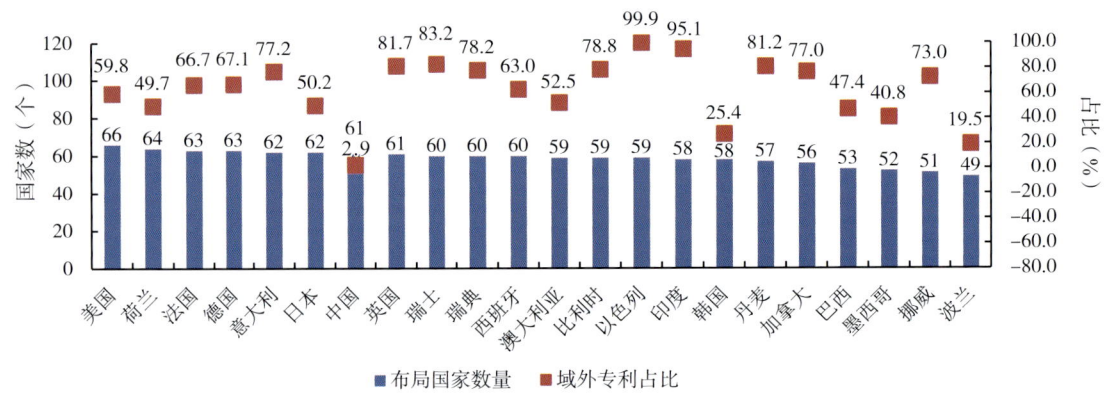

图3-4-1 22国专利布局国家数量及域外申请占比

对各国分别在其他21个重要农业国家的专利布局情况进行统计。美国、德国、荷兰和以色列在其他21个国家均有专利申请。中国主要在本国进行申请,美国是中国除在本土之外的最大布局目标国,其次是英国、德国和法国。美国在本国大量布局,同时在其他21国均衡布局。德国除在本土和美国大量布局外,在欧洲其他各国布局比较均衡。日本主要布局目标国是中国和美国。具体见图3-4-2。

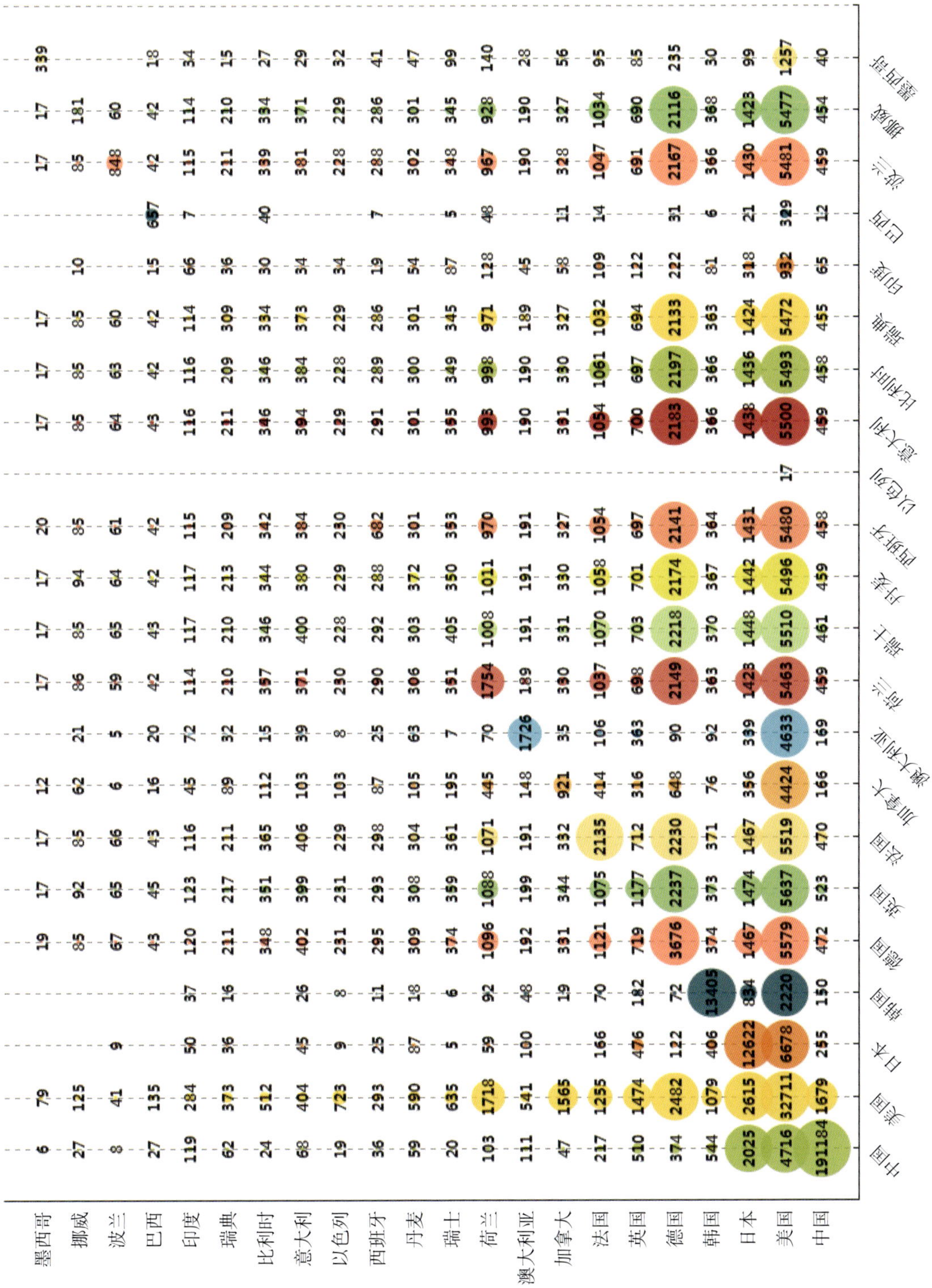

3 全球农业专利竞争力分析

	墨西哥	挪威	波兰	巴西	印度	瑞典	比利时	意大利	以色列	西班牙	丹麦	瑞士	荷兰	澳大利亚	加拿大	法国	英国	德国	韩国	日本	美国	中国
墨西哥	339																					
挪威		181																				
波兰			848																			
巴西				657	7			40			7		5	48	11	14	31	6	21		329	12
印度			10	15	66	36	30	34	34	19	54	87	128	45	58	109	122	222	81	318	932	65
瑞典	17	85	60	42	114	309	334	373	229	286	301	345	971	189	327	1032	694	2133	363	1424	5472	455
比利时	17	85	63	42	116	209	346	384	228	289	300	349	998	190	330	1061	697	2197	366	1436	5493	458
意大利	17	85	64	43	116	211	346	394	229	291	301	395	993	190	331	1054	700	2183	366	1438	5500	459
以色列									17													
西班牙	17	85	61	42	115	209	342	384	230	682	301	353	970	191	327	1054	697	2141	364	1431	5480	458
丹麦	17	94	64	42	117	213	344	380	229	288	372	350	1011	191	330	1058	701	2174	367	1442	5496	459
瑞士	17	85	65	43	117	210	346	400	228	292	308	405	1008	191	331	1070	703	2218	370	1448	5510	461
荷兰	17	86	59	42	114	210	357	371	230	290	306	351	1754	189	390	1037	698	2149	363	1423	5463	459
澳大利亚		21	5	20	72	32	15	39	8	25	63	7	70	1726	35	106	363	90	92	339	4633	169
加拿大	12	62	6	16	45	89	112	103	103	87	105	195	445	148	921	414	316	648	76	356	4424	166
法国	17	85	66	43	116	211	365	406	229	298	304	361	1071	191	332	2135	712	2230	371	1467	5519	470
英国	17	92	65	45	123	217	351	399	231	293	308	359	1088	199	344	1075	1177	2237	373	1474	5637	523
德国	19	85	67	43	120	211	348	402	231	295	309	374	1096	192	331	1121	719	3676	374	1467	5579	472
韩国				37	16		26	8	11	18	6	92	48	19	70	182	72		13405	834	2220	150
日本			9	50	36	45		25	87	5	59	100		166	476	122	406			12622	6678	255
美国	79	125	41	135	284	373	512	404	723	293	590	635	1718	541	1565	1255	1474	2482	1079	2615	32711	1679
中国	6	27	8	27	119	62	24	68	19	36	59	20	103	111	47	217	510	374	544	2025	4716	19184

图 3-4-2　22 国专利布局情况

3.4.2 专利家族规模

专利家族规模[①]不仅体现了布局国家的数量，还能体现专利权人对该技术的保护程度，家族成员越多，技术重要性越高，对该技术的保护程度越高。英国、挪威、法国、美国和瑞典专利家族规模排名相对位置靠前。而中国专利平均家族规模仅为1.02，排名第22位。具体见图3-4-3。

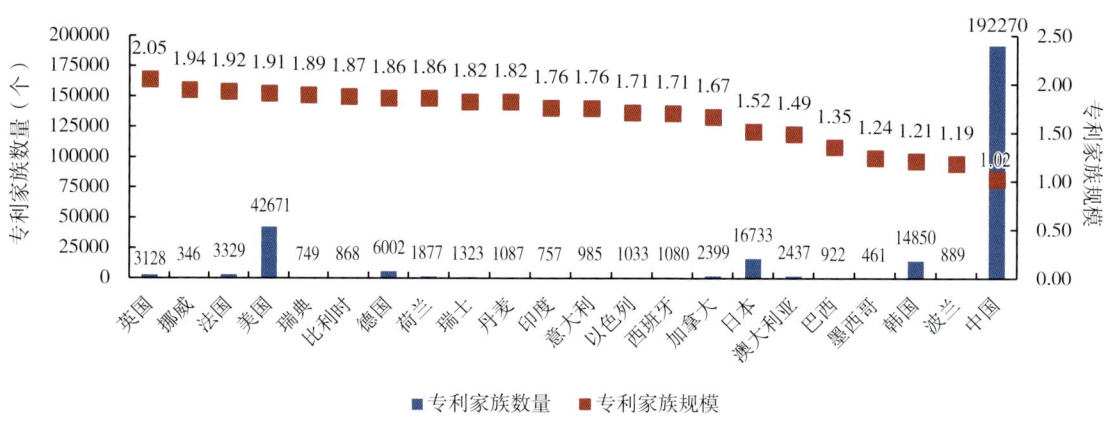

图 3-4-3　22 国专利家族数量及规模

3.4.3 专利技术宽度

IPC 在一定程度上代表了专利保护的技术方向，技术宽度则可以反映目标国技术保护广泛程度。一般通过计算每个国家发明专利的平均 IPC 数量[②]来分析技术宽度。日本、加拿大和澳大利亚平均 IPC 数量分别为 4.68、4.58 和 4.02，位居前 3 名，平均数量均在 4 以上。平均数量在 [3,4) 这一区间的国家有 15 个，在 [2,3) 这一区间的国家有 4 个。具体见图 3-4-4。

美国和中国由于发明专利申请总量占绝对优势，因此涉及的 IPC 子类数量在 22 个国家中排名靠前，分别为 530 种和 487 种，平均 IPC 数量分别为 3.59 和 3.04，排名分别为第五和第十七名。韩国虽然平均 IPC 数量为 3.06 且排名十六，但整体涉及的 IPC 子类数

---

① 具有共同优先权的在不同国家或国际专利组织多次申请、多次公布或批准的内容相同或基本相同的一组专利文献称作专利家族。本报告选择欧洲专利局 Inpadoc 专利族为统计依据。

② 平均 IPC 数量 = 各个 IPC 子类出现总频次 / 专利件数。

量 413 个，仅次于美国和中国（图 3-4-4）。

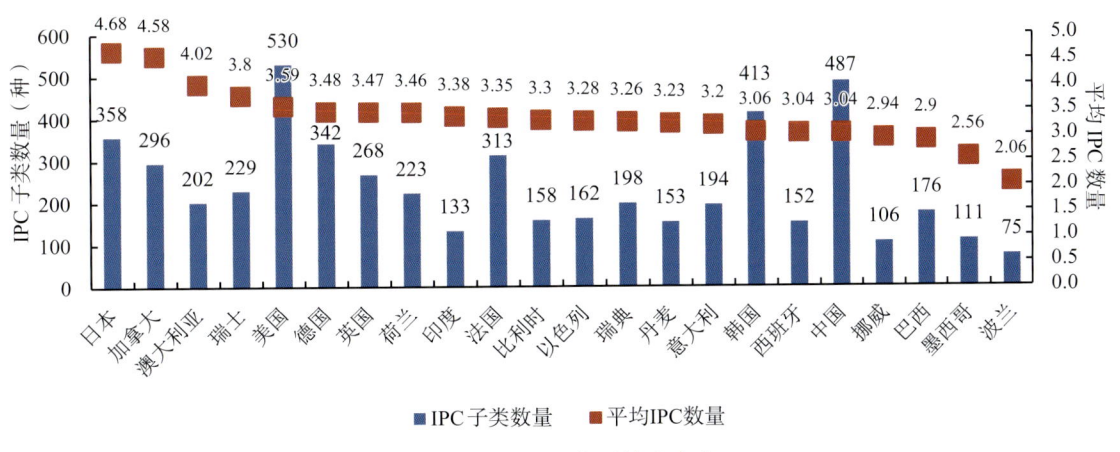

图 3-4-4　22 国专利技术宽度

3.5 相对技术优势

3.5.1 全球主要农业专利技术领域分布

对 22 国农业技术专利进行统计，得出最主要的 20 个研发技术领域 IPC 子类，涉及农业微生物、园艺科学、饲料科学、肥料科学、化学农药与植物生长调节剂、畜牧科学、兽医学和农用机械等方面。具体见表 3-5-1。以下的统计均基于这 20 个 IPC 子类。

表 3-5-1　全球主要农业专利技术领域 IPC 子类 Top20

IPC 子类	技术领域	专利家族（个）
C12N	微生物或酶，其组合物；繁殖、保藏或维持微生物；变异或遗传工程；培养基	45001
A01G	园艺；蔬菜、花卉、稻、果树、葡萄、啤酒花或海菜的栽培；林业；浇水	40977
A01K	畜牧业；禽类、鱼类、昆虫的管理；捕鱼；饲养或养殖其他类不包括的动物；动物的新品种	25158
A01N	人体、动植物体或其局部的保存；杀生剂，如消毒剂、农药、除草剂；害虫驱避剂或引诱剂；植物生长调节剂	22781
C12Q	包括酶或微生物的测定或检测方法；其所用组合物或试纸；这种组合物的制备方法；在微生物学方法或酶学方法中的条件反应控制	22085
A23K	饲料	21580

（续表）

IPC 子类	技术领域	专利家族（个）
C07K	肽	21013
C05G	分属于 C05 大类下各小类中肥料的混合物；由一种或多种肥料与无特殊肥效的物质，如农药、土壤调理剂、润湿剂所组成的混合物；以形状为特征的肥料	20228
A61K	医学或兽医学领域医用配置品	13867
A01C	种植；播种；施肥	8755
A01D	收获；割草	8208
A01H	新植物或获得新植物的方法；通过组织培养技术的植物再生	8097
A01M	动物的捕捉、诱捕或惊吓	6126
A01B	农业或林业的整地；一般农业机械或农具的部件、零件或附件	6100
G01N	借助于测定材料的化学或物理性质来测试或分析材料	6002
C12P	发酵或使用酶的方法合成目标化合物或组合物或从外消旋混合物中分离旋光异构体	5896
C05F	不包含在 C05B、C05C 小类中的有机肥料，如用废物或垃圾制成的肥料	3512
A01F	收获产品的加工；干草或禾秆的压捆机械；农业或园艺产品的储藏装置	3242
C07D	杂环化合物	3039
A01P	化学化合物或制剂的杀生、害虫驱避、害虫引诱或植物生长调节活性	2550

3.5.2 目标国技术优势比较

相对优势比较分析即目标国占某技术领域的绝对份额与该国占总体的绝对份额之比，也等同于该国某技术领域占该国所有领域的绝对份额与总体中该领域的绝对份额之比[①]。相对优势体现了国家在具体技术领域中相对总体的优势，相对优势大于 1.0，表示某国在该技术领域的专利分布超过了总体水平。如果目标国在所有领域的绝对份额过小，将失去统计意义，这种情况不予考虑。

本研究仅针对目标国在各 IPC 子类下申请量超过 100 件的技术领域进行统计分析。

中国在园艺（A01G）、害虫引诱剂和植物生长调节剂（A01P）、饲料（A23K）和肥料（C05G、C05F）几个领域相对优势较高。

美国在材料测试和分析技术（G01N）方面相对优势排名第一，医学或兽医学领域医

---

① 相对优势技术分方法：有 n 个国家，m 个领域，某国在某项技术上的相对优势为 G_{ij}，$G_{ij}=(x_{ij}/\sum_{i}x_{ij})/(\sum_{j}x_{ij}/\sum_{i}\sum_{j}x_{ij})$，($i=1,2,\cdots,n$, $j=1,2,\cdots,m$)。

用配置品（A61K）领域排名第二。

韩国在动物捕捉和诱捕技术(A01M)、微生物或酶（C12N）、酶或微生物测定方法(C12Q)相关技术领域的相对优势排名第一；园艺（A01G）、畜牧业(A01K)、有机肥料(C05F)和材料测试和分析技术（G01N）几个领域排名第二。

日本在农业机械装备方面(A01B、A01D和A01F)相对优势排名第二。

德国在农业或林业的整地、一般农业机械或部件（A01B）这一领域研究相对优势排名第一。

澳大利亚在肽（C07K）这一领域研究相对优势排名第一。

荷兰和加拿大在新品种培育和组织培养技术（A01H）这一领域研究相对优势分居第一和第二位。

以色列在医学或兽医学领域医用配置品（A61K）领域排名第一。

瑞士在杂环化合物（C07D）这一领域研究相对优势排名第一，在肽（C07K）这一领域研究相对优势排名第二。

印度在农药、除草剂、害虫驱避剂或引诱剂、植物生长调节剂（A01N）领域相对优势排名第一。

比利时在收获产品的加工、干草或禾秆的压捆机械、农业或园艺产品的储藏装置（A01F）方面技术相对优势排名领先。

巴西在收获装备、割草装备（A01D）研发上技术相对优势领先。

挪威在鱼类管理和捕鱼技术（A01K）上排名全球领先。

综上分析，中国和韩国在农业的多个技术领域中都具有较强的相对优势；其他重要农业国家也具备在全球市场上具有较强竞争力的技术优势领域，这点在国际相关市场竞争中也得到了充分印证。目前较强的相对优势表明它们的强势竞争地位还将持续（表3-5-2）。

3.5.3 目标机构技术优势比较

（1）全球重要研发机构

本研究统计分析了专利申请量进入全球前50名的专利权人及其所在国家。中国有16家机构的发明专利申请量进入全球前50名，16家机构平均专利申请量1053.75件，中国科学院和中国农业科学院分别排名第二和第四位。美国有20家机构进入前50名，进入前10名的有4家，20家机构平均专利申请量1171.65件，其中陶氏杜邦公司[①]2014—2016年发明专利申请量排名全球第一，加利福尼亚大学、孟山都公司和CNH全球有限公

---

① 陶氏杜邦包括原陶氏、杜邦和先锋三家公司。

表 3-5-2　22 国相对技术优势

国家	C12N	A01G	A01K	A01N	C12Q	A23K	C07K	C05G	A61K	A01C	A01D	A01H	A01M	A01B	G01N	C12P	C05F	A01F	C07D	A01P
中　国	1.03	1.59	1.29	1.27	0.95	1.80	0.65	1.87	0.27	1.41	1.10	1.12	1.16	1.20	0.24	1.00	1.55	1.17	0.73	1.58
美　国	1.00	0.13	0.48	0.69	1.19	0.08	1.61	0.03	2.37	0.28	0.51	1.27	0.56	0.45	2.05	0.93	0.18	0.34	1.11	0.22
韩　国	1.42	1.26	1.74	0.53	1.50	0.21	1.01	0.05	1.04	0.66	0.91	0.55	1.76	0.85	2.03	1.29	1.47	0.52	0.20	0.15
日　本	0.96	0.62	0.96	0.77	0.79	0.14	0.70	0.03	0.90	1.18	1.94	0.19	1.44	1.37	1.96	1.02	0.23	2.01	1.92	0.56
德　国	0.60	0.18	0.32	0.94	0.70	0.07	1.28	0.04	1.16	1.05	1.65	0.19	0.71	1.85	1.31	0.91	0.25	1.17	2.68	0.94
英　国	0.78	0.14	0.40	0.55	1.18	0.09	1.96	0.02	1.88	0.11	0.13	0.10	0.57	0.18	1.89	0.78	0.19	0.17	1.96	0.67
法　国	0.75	0.23	0.49	0.57	0.94	0.09	1.34	0.02	1.68	0.39	0.63	0.35	0.53	1.08	1.76	1.21	0.32	1.08	1.31	0.22
澳大利亚	1.08	0.18	0.57	1.18	0.89	0.15	2.74	0.04	2.00	0.26	0.42	0.75	0.77	0.65	1.47	0.51	0.40	0.40	1.46	0.55
加拿大	0.74	0.25	0.65	0.50	0.74	0.07	1.11	0.07	1.97	1.25	0.99	2.07	0.71	1.29	1.71	0.57	0.36	0.82	0.73	0.23
荷　兰	0.73	0.46	0.88	0.26	0.55	0.08	1.04	0.00	1.06	0.28	0.52	2.79	0.44	0.55	0.96	1.18	0.29	1.92	0.12	0.00
丹　麦	1.29	0.09	0.51	0.15	0.47	0.25	1.74	0.00	1.65	0.32	0.45	0.08	0.28	0.49	0.85	2.33	0.11	0.68	0.13	0.00
以色列	1.10	0.23	0.36	0.80	0.99	0.02	1.99	0.00	3.26	0.11	0.08	1.19	0.21	0.06	2.03	0.49	0.13	0.21	0.55	0.25
西班牙	1.04	0.45	0.53	0.79	1.36	0.20	0.93	0.04	1.24	0.22	1.30	0.37	1.30	0.43	1.32	0.73	0.73	0.26	0.45	0.33
瑞　士	0.51	0.11	0.17	0.90	0.48	0.12	2.22	0.00	1.97	0.06	0.20	0.42	0.19	0.33	1.29	0.53	0.09	0.09	6.43	0.82
印　度	0.90	0.17	0.11	1.72	0.48	0.11	1.66	0.06	1.72	0.23	0.42	0.56	0.28	0.45	0.76	1.58	0.84	0.65	2.95	0.82
意大利	0.67	0.37	0.67	0.69	0.76	0.11	1.19	0.00	2.01	0.48	1.95	0.63	0.80	1.28	1.10	0.30	0.58	1.06	0.56	0.09
比利时	0.62	0.14	0.28	0.44	0.74	0.16	1.31	0.02	1.91	0.14	2.48	0.55	0.23	0.44	1.29	1.24	0.00	8.51	0.25	0.18
波　兰	0.92	0.32	0.67	1.07	1.63	0.36	0.85	0.64	0.89	1.14	0.75	0.28	1.21	1.67	0.57	5.01	3.52	1.28	3.83	0.43
瑞　典	0.34	0.17	0.28	0.12	0.37	0.06	0.96	0.00	0.99	0.31	0.82	0.14	0.12	0.43	1.07	0.28	0.23	0.09	0.11	0.00
墨西哥	1.44	0.46	0.91	2.61	0.46	0.33	0.78	0.00	1.11	0.78	0.59	2.81	0.98	1.11	0.72	1.05	2.74	0.39	0.26	2.16
巴　西	0.63	0.21	1.02	1.05	0.39	0.24	0.60	0.18	1.83	3.03	4.43	0.54	1.02	1.77	0.48	1.62	1.98	2.25	0.21	2.82
挪　威	0.39	0.00	2.34	0.39	0.73	0.33	1.12	0.11	2.29	0.06	0.06	0.06	0.39	1.34	0.39	0.22	0.00	0.00	0.22	0.00

司分别位居全球第七、第八和第九。瑞士有 4 家机构进入前 50 名，平均专利申请量 1701 件，其中罗氏控股公司排名全球第三，诺华公司排名全球第十，排名第十一的先正达公司在 2017 年被中国化工集团收购。德国有 3 家公司进入前 50 名，平均专利申请量 1803 件，高于其他国家，其中拜耳公司和巴斯夫公司分别位居第五名和第六名。机构排名情况见图 3-5-1。

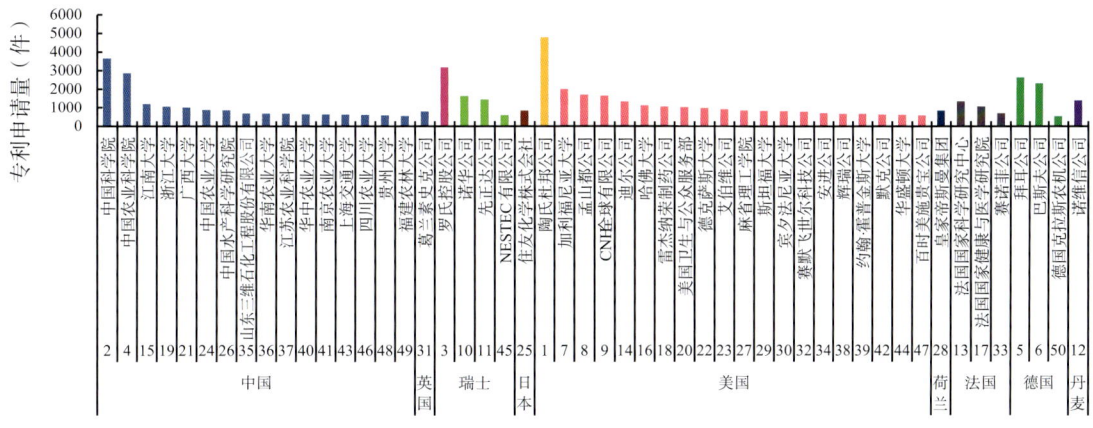

图 3-5-1　全球重要研发机构统计

对各国研发主体构成进行分析，中国 16 家机构包括 11 所大学（专利量占比 48.87%）、4 家科研院所（专利量占比 47.18%）和 1 家公司（专利量占比 3.95%）。美国 20 家机构包括 8 所大学（专利量占比 33.09%）、11 家公司（专利量占比 62.54%）和 1 个政府部门（美国卫生与公众服务部）。法国 3 家机构包括 2 个研究机构（专利量占比 77.45%）和 1 家公司（专利量占比 22.55%）。其他各国进入前 50 名的研发机构均为公司（表 3-5-3）。

表 3-5-3　研发主体构成分析[①]

国家	机构数量（个）	机构平均申请量（件）	企业 机构占比(%)	企业 专利占比(%)	大学 机构占比(%)	大学 专利占比(%)	研究机构 机构占比(%)	研究机构 专利占比(%)	其他 机构占比(%)	其他 专利占比(%)
美国	20	1171.65	55	62.54	40	33.09	0	0	5	4.36
中国	16	1053.75	6.25	3.95	68.75	48.87	25	47.18	0	0
瑞士	4	1701	100	100	0	0	0	0	0	0
德国	3	1803	100	100	0	0	0	0	0	0
法国	3	1032	33.33	22.55	0	0	66.67	77.45	0	0
丹麦	1	1365	100	100	0	0	0	0	0	0
日本	1	836	100	100	0	0	0	0	0	0
荷兰	1	819	100	100	0	0	0	0	0	0
英国	1	782	100	100	0	0	0	0	0	0

① 该表格仅对全球 TOP50 研发机构所属国家、机构性质和发明专利申请量进行统计。

可见，中国专利权人虽然整体专利产出量较高，但主要产出来自科研机构，其次为大学，在全球没有实力较强的公司，技术的产业化应用方面与其他国家存在很大差距。

（2）技术相对优势比较

机构的相对优势即该机构占某领域的绝对份额与机构占总体的绝对份额之比。此项分析仅针对全球发明专利申请量排名前50名机构在20个主要农业技术IPC子类下的发明专利申请数据进行分析。相对优势大于1，则代表该机构在该领域的专利分布超过整体水平。

微生物或酶领域（C12N），美国孟山都公司、中国江南大学和丹麦诺维信公司技术相对优势排名前三。

酶和微生物的测定方法领域（C12Q），约翰·霍普金斯大学、中国农业科学院和哈佛大学相对优势排名前3位。

园艺相关领域（A01G），中国机构整体表现突出，其中山东三维石化工程股份有限公司技术相对优势排名第一。

农业机械、农业装备领域（主要涵盖A01B、A01C、A01D、A01F以及A01M几个子类），德国克拉斯农机公司、美国的CNH全球有限公司和迪尔公司技术相对优势遥遥领先于其他机构。

肥料领域的技术研发（C05F、C05G），中国机构整体实力较强，山东三维石化工程股份有限公司、贵州大学、广西大学和南京农业大学相对优势较强。

饲料技术领域（A23K），瑞士NESTEC有限公司、中国水产科学研究院、荷兰皇家帝斯曼集团和四川农业大学相对技术优势高于50家机构整体水平。

农药、杀虫剂、害虫引诱剂、除草剂、植物生长调节剂相关领域（A01N、A01P），日本住友株式会社、德国的拜耳公司和巴斯夫公司、瑞士罗氏控股公司和中国农业大学实力较强。

植物新品种培育和组织培养技术方面（A01H），美国孟山都公司技术相对优势最为突出，陶氏杜邦公司和福建农林大学分别排名第二、第三位。

鱼类管理和捕鱼技术方面（A01K），中国水产科学院技术优势领先于其他机构。

杂环化合物相关农业技术领域（C07D），瑞士罗氏控股公司、德国拜耳公司、日本住友株式会社、美国默克公司和德国巴斯夫公司占据全球前5位。

材料的测试和分析技术方面（G01N），赛默飞世尔科技公司、约翰·霍普金斯大学和法国国家健康与医学研究占据前3位。

综上分析，国际化企业和公司更具备较强的相对技术优势，并形成了与产业链密切相关的技术集群。中国机构虽然进入前50名的数量较多，但相对技术优势整体较弱（表3-5-4）。

3 全球农业专利竞争力分析

表 3-5-4 全球 Top50 机构技术优势

国家	排名	机构名称	C12N	A01G	A01K	A01N	C12Q	A23K	C07K	C05G	A61K	A01C	A01D	A01H	A01M	A01B	G01N	C12P	C05F	A01F	C07D	A01P
中国	2	中国科学院	1.60	3.53	2.12	0.47	1.40	1.54	0.76	2.04	0.53	1.46	0.14	1.56	0.86	1.38	0.70	2.43	2.54	0.17	0.39	1.12
中国	4	中国农业科学院	1.66	3.26	1.62	0.92	2.04	2.37	0.68	2.38	0.30	2.89	1.33	1.88	3.02	1.86	0.56	0.51	2.35	0.42	0.08	2.15
中国	15	江南大学	2.19	0.58	0.04	0.07	0.38	1.25	0.48	0.55	0.17	0.03	0.05	0.00	0.00	0.00	0.74	5.66	1.74	0.00	0.10	0.17
中国	19	浙江大学	1.63	2.87	3.13	0.70	1.44	2.35	0.73	1.63	0.37	1.96	0.68	1.36	2.42	0.24	0.81	1.40	3.37	0.00	0.18	1.75
中国	21	广西大学	0.48	4.61	0.96	1.06	0.33	3.76	0.11	4.27	0.16	2.54	3.36	0.56	6.30	0.79	0.11	0.65	6.58	1.60	0.05	2.49
中国	24	中国农业大学	1.36	3.33	3.18	1.29	1.47	2.50	0.61	1.42	0.19	4.24	1.66	1.30	2.68	3.38	0.41	0.74	4.97	0.86	0.63	3.19
中国	26	中国水产科学研究院	0.96	1.16	18.18	0.16	1.33	6.53	0.31	0.05	0.30	0.00	0.25	0.06	0.58	0.05	0.22	0.39	0.87	0.00	0.00	0.19
中国	35	山东三维石化工程股份有限公司	0.03	7.83	0.35	0.94	0.00	0.10	0.00	18.00	0.00	2.79	0.18	0.00	0.37	17.72	0.02	0.00	10.92	0.00	0.00	2.27
中国	36	华南农业大学	1.09	2.09	2.06	0.73	1.13	1.55	0.46	1.85	0.22	2.27	1.08	0.94	3.86	1.39	0.50	0.70	2.96	0.20	0.35	1.78
中国	37	江苏农业科学院	0.99	4.64	1.67	0.93	1.16	1.10	0.59	2.17	0.23	2.51	0.18	1.52	2.20	1.26	0.55	0.36	2.40	0.20	0.02	2.14
中国	40	华中农业大学	1.50	1.30	2.44	0.55	1.45	1.75	0.61	1.63	0.30	2.80	0.82	1.45	0.97	1.00	0.76	0.52	2.35	0.64	0.02	1.30
中国	41	南京农业大学	1.51	2.17	0.49	0.80	1.67	1.60	0.56	2.76	0.18	1.58	0.48	2.26	2.15	0.41	0.27	0.60	6.50	0.54	0.26	2.05
中国	43	上海交通大学	1.65	1.24	0.69	0.42	1.90	0.65	1.03	0.47	0.66	0.55	0.25	1.47	0.20	0.35	1.03	2.08	1.41	0.00	0.17	0.74
中国	46	四川农业大学	1.06	4.63	2.06	0.51	1.51	5.49	0.45	2.28	0.27	2.55	0.56	1.31	0.82	0.84	0.50	0.22	2.90	0.46	0.02	1.26
中国	48	贵州大学	0.34	2.23	1.40	0.90	0.47	0.81	0.03	16.90	0.07	1.24	0.26	0.57	2.35	0.66	0.06	0.42	2.58	0.12	1.12	2.60
中国	49	福建农林大学	0.89	4.72	0.93	0.82	0.67	1.25	0.20	2.25	0.09	1.92	1.29	2.85	1.39	1.34	0.20	0.82	2.54	0.12	0.00	2.11
英国	31	葛兰素史克公司	0.65	0.00	0.05	0.06	0.28	0.00	2.00	0.00	3.47	0.04	0.00	0.02	0.00	0.03	0.40	0.77	0.00	0.00	1.53	0.00
英国	11	罗氏控股公司	0.77	0.53	0.18	4.05	0.74	1.24	0.15	0.14	0.13	0.62	0.02	2.77	0.92	0.03	0.08	0.19	0.00	0.05	5.77	2.73
瑞士	3	诺华公司	0.52	0.00	0.00	0.03	1.49	0.00	2.40	0.00	1.80	0.00	0.00	0.00	0.00	0.00	2.27	0.78	0.00	0.00	0.59	0.00
瑞士	10	先正达公司	0.68	0.00	0.06	0.07	0.46	0.06	2.49	0.00	2.94	0.00	0.00	0.00	0.00	0.00	0.90	0.43	0.00	0.00	1.08	0.07
日本	45	NESTEC 有限公司	0.10	0.00	2.06	0.03	0.48	11.45	0.21	0.14	1.26	0.00	0.00	0.00	0.00	0.20	1.62	0.07	0.00	0.00	0.17	0.00
日本	25	住友化学株式会社	0.50	0.49	0.09	4.16	0.47	0.00	0.34	0.00	1.10	1.24	0.00	0.25	4.33	0.00	0.60	0.63	0.00	0.00	4.34	5.74

(续表)

国家	排名	机构名称	C12N	A01G	A01K	A01N	C12Q	A23K	C07K	C05G	A61K	A01C	A01D	A01H	A01M	A01B	G01N	C12P	C05F	A01F	C07D	A01P
美国	1	陶氏杜邦公司	1.14	0.43	0.22	2.76	0.79	0.52	0.35	0.65	0.27	0.49	0.04	3.09	0.56	0.05	0.19	0.69	0.33	0.04	1.85	1.17
美国	7	加利福尼亚大学	1.11	0.08	0.16	0.42	1.67	0.07	1.29	0.04	1.72	0.01	0.00	0.16	0.48	0.00	2.59	1.14	0.06	0.00	0.53	0.12
美国	8	孟山都公司	2.38	0.27	0.06	0.91	0.74	0.60	0.29	0.10	0.06	0.42	0.00	8.46	0.22	0.05	0.20	0.14	0.00	0.00	0.21	0.31
美国	9	CNH 全球有限公司	0.00	0.16	0.00	0.00	0.00	0.00	0.00	0.00	0.00	6.46	11.68	0.00	1.85	7.97	0.10	0.00	0.00	22.08	0.00	0.00
美国	14	迪尔公司	0.00	0.50	0.00	0.00	0.00	0.00	0.00	0.00	0.00	4.78	12.49	0.01	2.92	7.57	0.18	1.17	0.00	6.94	0.00	0.00
美国	16	哈佛大学	1.30	0.00	0.39	0.19	2.00	0.00	0.93	0.00	1.28	0.00	0.00	0.00	0.00	0.00	2.19	0.64	0.00	0.00	0.30	0.02
美国	18	雷杰纳荣制药公司	0.99	0.00	7.95	0.00	0.40	0.00	3.30	0.00	1.82	0.00	0.00	0.00	0.00	0.00	0.96	0.33	0.00	0.00	0.01	0.00
美国	20	美国卫生与公众服务部	1.02	0.00	0.13	0.12	1.17	0.03	2.29	0.00	2.89	0.00	0.00	0.01	0.35	0.00	2.10	0.41	0.12	0.00	0.37	0.02
美国	22	得克萨斯大学	1.12	0.10	0.36	0.42	1.32	0.10	1.43	0.04	2.39	0.00	0.00	0.34	0.00	0.00	2.26	1.31	0.00	0.00	0.54	0.04
美国	23	艾伯维公司	0.35	0.00	0.03	0.14	1.85	0.00	2.24	0.00	1.96	0.00	0.00	0.00	0.00	0.00	2.81	0.89	0.00	0.00	0.99	0.07
美国	27	麻省理工学院	1.52	0.09	0.34	0.22	1.52	0.00	0.87	0.39	1.54	0.00	0.00	0.09	0.00	0.00	1.95	0.76	0.00	0.00	0.22	0.00
美国	29	斯坦福大学	1.04	0.00	0.37	0.14	1.85	0.00	1.32	0.00	1.92	0.00	0.00	0.01	0.00	0.00	2.34	0.74	0.00	0.00	0.58	0.00
美国	30	宾夕法尼亚大学	1.37	0.00	0.12	0.17	0.71	0.00	2.24	0.00	2.95	0.00	0.00	0.08	0.00	0.00	1.25	0.74	0.00	0.00	0.19	0.02
美国	32	赛默飞世尔科技公司	0.64	0.02	0.03	0.03	4.43	0.00	0.19	0.35	0.22	0.15	0.00	0.00	0.00	0.00	3.54	1.18	0.00	0.00	0.67	0.04
美国	34	安进公司	0.49	0.00	0.17	0.00	0.28	0.00	3.66	0.03	2.13	0.00	0.00	0.03	0.00	0.00	0.91	1.70	0.00	0.00	0.18	0.00
美国	38	辉瑞公司	0.42	0.00	2.71	0.12	0.12	0.05	2.12	0.00	2.95	0.00	0.00	0.04	0.00	0.00	0.95	0.68	0.00	0.00	1.33	0.07
美国	39	约翰·霍普金斯大学	1.01	0.03	0.25	0.15	2.79	0.00	1.11	0.00	2.10	0.00	0.00	0.09	0.00	0.00	3.00	0.25	0.00	0.00	0.27	0.00
美国	42	默克公司	0.49	0.00	0.04	0.72	0.50	0.00	1.83	0.00	2.88	0.00	0.15	0.01	0.00	0.00	0.74	0.91	0.00	0.00	3.09	0.00
美国	44	华盛顿大学	1.17	0.03	0.35	0.19	1.62	0.33	1.54	0.00	1.90	0.00	0.00	0.08	0.20	0.00	2.71	0.78	0.20	0.00	0.41	0.00
美国	47	百时美施贵宝公司	0.24	0.00	0.28	0.12	0.19	0.00	3.60	0.00	3.06	0.00	0.00	0.00	0.00	0.00	1.94	0.49	0.00	0.00	1.97	0.02
荷兰	28	皇家帝斯曼集团	1.31	0.17	0.22	0.34	0.20	6.80	0.46	0.03	0.81	0.15	0.00	0.18	0.00	0.00	0.15	4.52	0.30	0.00	0.21	0.17
法国	13	法国国家科学研究中心	1.04	0.09	0.33	0.37	1.46	0.15	1.45	0.03	1.50	0.00	0.00	0.13	0.00	0.00	2.78	1.22	0.64	0.00	0.62	0.29
法国	17	法国国家健康与医学研究院	1.03	0.00	0.35	0.07	1.80	0.03	1.78	0.00	2.00	0.00	0.00	0.00	0.00	0.00	3.00	0.21	0.00	0.00	0.06	0.00
法国	33	赛诺菲公司	0.40	0.00	0.10	0.09	0.19	0.00	2.77	0.00	2.71	0.00	0.00	0.17	0.00	0.00	1.24	0.70	0.00	0.00	0.69	0.00
德国	5	拜耳公司	0.35	0.13	0.14	3.96	0.19	0.03	0.50	0.11	0.63	0.55	0.01	0.65	0.65	0.05	0.37	0.21	0.05	0.00	4.75	3.31
德国	6	巴斯夫公司	0.65	0.23	0.04	3.87	0.10	0.79	0.31	1.31	0.31	0.97	0.01	0.71	3.79	0.29	0.15	1.36	0.11	0.00	3.02	3.09
德国	50	德国克拉斯农机公司	0.00	0.03	0.00	0.00	0.00	0.00	0.00	0.00	0.00	0.30	20.18	0.00	0.00	8.86	0.00	0.00	0.00	16.30	0.00	0.00
丹麦	12	诺维信公司	2.11	0.10	0.09	0.46	0.16	2.09	0.54	0.06	0.18	0.47	0.00	0.08	0.00	0.00	0.03	4.43	1.07	0.00	0.02	0.34

4 结论与建议

4.1 主要结论

4.1.1 基于论文的竞争力分析结论

基于SCI论文产出角度，本研究对全球和我国的农业总体科研创新发展现状进行了分析总结，得出如下结论。

第一，2014—2016年，农业领域总发文量排名前5位的国家有美国、中国、英国、巴西和印度。我国总发文量仅略少于美国，远远高出排名第三的英国，且呈现逐年上涨趋势，其中2015年的涨幅最高，表明我国农业领域基础研究产出受到重视，论文产量不断提高。

第二，农业领域论文总被引频次排名前5位的国家有美国、中国、英国、德国和西班牙。我国农业领域论文总被引频次仅略少于美国，远远高出排名第三的英国，表明我国农业论文总体质量较高，得到同行的较高引用。

第三，农业领域论文学科规范化的引文影响力排名前5位的国家有瑞士、丹麦、荷兰、英国和德国。我国农业领域论文学科规范化引文影响力排名第十六，与总发文量和总被引频次相比，中国在学科规范化的引文影响力指标的排名靠后，但其值大于1，表明中国农业论文的被引表现仍高于全球平均水平。

第四，农业领域高被引论文总量排名前5位的国家有美国、中国、英国、德国和西班牙。我国农业领域高被引论文总量排名第二，表明我国农业领域产出中具有一批被同行高度认可并引用的高质量论文。

第五，农业领域Q1期刊论文总量排名前5位的国家有美国、中国、英国、西班牙和德国。我国农业领域 Q1 期刊论文总量排名第二，表明中国农业论文产出总体质量较高，得到高级别期刊的认可。

第六，农业领域国际合作论文总量排名前 5 位的国家有美国、英国、中国、德国和西班牙。我国农业领域国际合作论文总量排名第三，且呈现逐年上涨趋势，尤以 2015 年的涨幅最为明显，表明我国较为重视农业领域基础研究的国际合作。

在对全球农业总体科研创新发展现状进行分析总结的基础上，本研究就 15 个具体的农业学科领域的发展现状和我国在全球的位置进行了剖析，结论如下。

第一，2014—2016 年，从发文总量角度看，我国的优势研究领域主要有土壤学、生物技术和应用微生物学、食品科学与技术、农业工程、分析化学与应用化学和农业交叉学科。

第二，从总被引频次角度看，我国的优势研究领域有土壤学、园艺学、生物学、食品科学与技术、农业工程、分析化学与应用化学和农业交叉学科。

第三，从学科规范化的引文影响力角度看，我国的优势研究领域有分析化学与应用化学、农业工程、食品科学与技术和兽医学。

第四，从高被引论文总量角度看，我国的优势研究领域有食品科学与技术、农业工程、分析化学与应用化学、生物技术和应用微生物学，以及农艺学。

第五，从 Q1 期刊论文总量角度看，我国的优势研究领域有农艺学、土壤学、园艺学、食品科学与技术、农业工程、分析化学与应用化学，以及农业交叉学科。

第六，从国际合作论文总量角度看，我国的优势研究领域有农业工程、农艺学、土壤学、园艺学、食品科学与技术、分析化学与应用化学，以及农业交叉学科。

第七，我国有代表性机构进入全球机构排名前 10 位的领域有农艺学、土壤学、园艺学、农业乳品和动物科学、渔业学、林业学、生物学、生物技术和应用微生物学、食品科学与技术、农业工程、分析化学与应用化学，以及农业交叉学科。

4.1.2 基于专利的竞争力分析结论

本研究对 22 个国家的农业领域专利产出进行了全面分析。得出以下主要结论。

第一，专利技术产出方面，中国、美国、日本、韩国、德国发明专利申请总量占据全球前 5 位，中国发明专利申请量占到 22 国总量的一半以上，是第二名美国的 2.42 倍，日本、韩国和德国分别位于第三、第四、第五位，申请量均在 10000 件以上。

第二，专利技术水平方面，韩国授权率高居榜首，专利质量较高，其次是荷兰、澳大利亚和西班牙，美国位居第五；美国高强度专利占比最高，其次是以色列，这两个国家的专利被引率也位居全球前两位，技术水平较强。

第三，从技术发展潜力上，中国近5年保持着发明专利申请逐年快速增长的势头，美国、日本自2015年开始呈现下降趋势，韩国和德国保持平稳。

第四，技术保护方面，美国、荷兰、法国、德国、意大利和日本作为技术来源国，技术输出国家分布更为广泛，并且域外申请量基本达到50%以上；日本、加拿大和澳大利亚平均IPC数量居前3名，所涉及技术领域更为宽泛。

第五，技术优势方面，国家层面上，中国在园艺、害虫引诱剂和植物生长调节剂、饲料和肥料几个领域的技术相对优势在22个国家中排名第一。韩国在多个技术领域中也具有较强的相对优势，其他重要农业国家也具备各自在全球市场上具有较强竞争力的技术优势领域，并且强势竞争地位还将持续。机构层面上，美国、中国进入前50位的专利权人数量最多，分别为20家和16家机构，瑞士有4家，法国、德国各有3家进入全球前50位。机构分析结果表明，国际化企业和公司更具备较强的竞争力，并形成了与产业链密切相关的技术集群。中国机构虽然进入前50名的数量较多，但基本由科研机构和高校组成，相对技术优势较弱。

第六，中国是2014—2016年全球农业发明专利申请量最多的国家，但授权率仅为13.2%，22国中排名第九。中国发明人主要申请地区仍在本国，国外专利布局量相对较低。中国在农业领域的研究近5年保持着快速增长的势头，但技术水平竞争力在22国中相对靠后。中国在20个主要农业技术领域中均有专利申请，在其中17个IPC子类下申请量排名第一，并且在园艺、害虫引诱剂和植物生长调节剂、饲料和肥料几个领域的技术相对优势较强。中国有16家机构进入全球前50名重要专利权人排名，其中中国科学院排名第二，中国农业科学院排名第四，但相比较国际化的企业公司，中国科研机构和高校的技术相对优势较弱。

4.2 相关建议

强大的科学技术研究是建设世界科技强国的基石。经过多年发展，我国农业科技研究取得长足进步，整体水平显著提高，国际影响力日益提升，支撑引领农业经济发展的作用不断增强。但与世界科技强国相比，我国农业科技研究不足依然存在，需进一步加强农业科技研究，不断提升农业科技研究的原始创新能力。

4.2.1 我国农业科技论文质量有待进一步提高

学科规范化引文影响力是用来评价一个国家或机构的论文质量的重要指标。从农业各研究领域看，我国论文学科规范化的引文影响力排名前 10 位的领域有兽医学（第八）、食品科学与技术（第七）、农业工程（第四）、分析化学与应用化学（第三）；论文学科规范化的引文影响力排名前 20 位的领域有农艺学（第十四）、土壤学（第十三）、园艺学（第十四）、农业乳品和动物科学（第十五）、渔业学（第十四）、林业学（第十六）、基因与遗传学（第二十）、生物学（第十六）、生物技术和应用微生物学（第十一）和农业交叉学科（第十五）；农业经济和政策学排名第二十一。

从以上数据中不难发现，我国论文学科规范化的引文影响力整体排名和各研究领域排名均较低。虽然我国农业科研成果与世界一流的农业研究强国相比，论文产出差距在快速缩小，但还需要在论文产出质量提升上下功夫。

4.2.2　中国农业科技战略研究力量有待进一步加强和统一布局

我国农业科研代表机构影响力不足。统计分析全球论文表现综合排名 Top50 代表性机构中，有 25 个来自美国，占全部机构的 50%。中国有 4 个机构进入 Top50，分别是中国科学院（第二）、中国农业大学（第三十四）、中国农业科学院（第三十七）和浙江大学（第四十九）。其余机构分别来自德国（5 个）、英国（4 个）、西班牙（4 个）、法国（3 个）、澳大利亚（1 个）、丹麦（1 个）、巴西（1 个）、荷兰（1 个）和欧盟（1 个）。

从全球 Top50 代表性机构表现来看，美国占据绝对优势，德国的代表机构数量也多于我国；英国和西班牙的代表机构数量与我国相当。另外，我国进入全球 Top50 的代表性机构，其排名位次也不十分理想。在中国不断加大农业科研投入、农业科技成果创新不断捷报频传的时候，我国仅有 4 个机构能够入选全球 Top50 的代表性机构，这个排名无疑又给我们敲了一个警钟。农业基础研究，如兽医学领域、基因和遗传学领域、农业经济和政策学领域等缺乏国际知名研究机构，应加强中国农业科技战略研究力量投入和统一布局，通过不断提升农业科学研究水平和科研成果质量，使我国有更多的研究机构进入全球 Top50 行列，进一步向世界农业研究中心迈进。

4.2.3　农业技术创新主体结构亟待调整

中国农业技术创新主体主要由高校和科研机构组成，农业企业表现极弱。而美国、瑞士、德国等国家，农业技术创新主体以企业为主，并且随着产业与学术合作的日趋增加，学术机构本身也日益关注应用研究。

中国有 16 家机构进入全球专利量排名前 50 位，包括 11 所大学（专利量占比 48.87%）、4 家科研院所（专利量占比 47.18%）和 1 家公司（专利量占比 3.95%）。美国进入该排名的20家机构包括8所大学（专利量占比33.09%）、11家公司（专利量占比62.54%）和1个政府部门（美国卫生与公众服务部）。瑞士有4家机构进入全球前50名，德国有3家，这7家机构也均为企业。

企业是参与市场竞争的主体，也是创新创造的主体。十九大报告中强调，要建立以企业为主体、市场为导向、产学研深度融合的技术创新体系。可见，企业自身技术创新实力的提升已经成为一种趋势以及必然要求。

4.2.4 中国农业技术海外知识产权保护亟待加强

专利布局主要是为了保护核心技术或核心产品、限制竞争对手、巩固市场地位。中国专利布局主要在国内，国外专利布局量较低。国外技术保护极度不足，农业相关技术无法在国外得到有效保护，严重阻碍中国农业"走出去"。

布局国家数量和域外申请占比上看，中国域外申请占比仅为2.91%，在22个重要农业国家中排名最后一位，我国农业技术市场主要依靠本国。中国的海外市场主要聚焦在美国和英国、德国、法国等一些欧洲国家，在澳大利亚及北美洲、亚洲国家布局较少。而美国、荷兰、法国、德国、意大利和日本作为技术来源国，技术输出国家分布更为广泛，并且域外申请量基本达到50%以上。

专利家族规模不仅体现了布局国家的数量，也能体现专利权人对技术的保护程度，家族成员数量越多，技术重要性越高，对该技术的保护程度越高。英国、挪威、法国、美国和瑞典专利家族规模排名相对位置靠前。而中国专利平均家族规模仅为1.02，在22个重要农业国中排名垫底。

因此，掌握了行业前沿技术的研发机构，一定要注意提前布局，抢占先机；并且需要结合技术本身的特点，进行多维度保护。创新机构需要制定科学合理的专利保护策略，找出技术空白点，在布局时间、布局地理范围和布局技术点上进行规划。

附录1 领域映射对照表

本研究选取的领域名称	映射学科[1]	学科描述
1.农艺学	农艺学（21030）	研究作物形态学，作物生理学，作物遗传学，作物生态学，种子学，作物育种学（包括航天育种学），良种繁育学，作物栽培学，作物耕作学，作物种质资源学，农艺学其他学科
2.土壤学	土壤学（21050）	研究土壤物理学，土壤化学，土壤地理学，土壤生物学，土壤生态学，土壤耕作学，土壤改良学，土壤肥料学，土壤分类学，土壤环境学，土壤调查与评价，土壤修复，土壤学其他学科
3.园艺学	园艺学（21040）	研究果树学，瓜果学，蔬菜学，茶学（包括茶加工等），观赏园艺学，园艺学其他学科
4.兽医学	兽医学（23030）	研究预防兽医学，兽医病原学，兽医流行学，家畜解剖学与组织学（原名为家畜解剖学），家畜生理学，家畜组织胚胎学，动物分子病原学，兽医免疫学，家畜病理学（亦称兽医病理学），兽医药理学与毒理学（原名为兽医药理学），兽医临床学，兽医卫生检疫学，家畜寄生虫学，家畜传染病学，家畜病毒学，中兽医学，兽医器械学，兽医学其他学科
5.农业、乳品和动物科学	动物学（18057）	动物生物物理学，动物生物化学，动物形态学，动物解剖学，动物组织学；动物细胞学，动物生理学，动物生殖生物学（包括动物繁殖学）；动物生长发育学（包括动物胚胎学），动物遗传学，动物生态学，动物病理学，动物行为学（含动物驯化学），动物地理学（含昆虫生物地理学），动物分类学，实验动物学，动物寄生虫学，动物病毒学，动物学其他学科
6.渔业学	水产学（240）	
7.林业学	林学（220）	
8.基因和遗传学	遗传学（18031）	研究数量遗传学，生化遗传学，细胞遗传学，体细胞遗传学，发育遗传学（亦称发生遗传学），分子遗传学，辐射遗传学，进化遗传学，生态遗传学，免疫遗传学，毒理遗传学，行为遗传学，群体遗传学，表观遗传学，遗传学其他学科
9.生物学	畜牧学（23020）生物学（180）	农业动物资源学，家畜遗传育种学（原名为家畜育种学），家畜繁殖学，动物营养学，饲料学，家畜饲养管理学，特种经济动物饲养学，家畜行为学，家畜卫生学，草原学（包括牧草学、牧草育种学、牧草栽培学、草地生态学、草地保护学等），畜产品贮藏与加工，畜牧机械化，养禽学，养蜂学，养蚕学，畜牧经济学，畜牧学其他学科

[1] 映射学科是指映射到 GB/T 13745—2009《中华人民共和国学科分类与代码国家标准》的学科名称。

附录1 领域映射对照表

（续表）

本研究选取的领域名称	映射学科	学科描述
10.生物技术与应用微生物学	植物保护学（21060）	植物检疫学，植物免疫学，植物病理学，植物药理学，农业昆虫学，植物病毒学，植物真菌学，植物细菌学，植物线虫学，农药学，有害生物监测预警（原名为植物病虫害测报学），抗病虫害育种，有害生物化学防治，有害生物生物防治，有害生物综合防治，有害生物生态调控，农业转基因生物安全学，杂草防除（原名为杂草防治），鸟兽、鼠害防治，植物保护学其他学科
	畜牧学（23020）	农业动物资源学，家畜遗传育种学（原名为家畜育种学），家畜繁殖学，动物营养学，饲料学，家畜饲养管理学，特种经济动物饲养学，家畜行为学，家畜卫生学，草原学（包括牧草学、牧草育种学、牧草栽培学、草地生态学、草地保护学等），畜产品贮藏与加工，畜牧机械化，养禽学，养蜂学，养蚕学，畜牧经济学，畜牧学其他学科
	生物工程（41640）	研究基因工程（亦称遗传工程），细胞工程，蛋白质工程，代谢工程，酶工程，发酵工程（亦称微生物工程），生物传感技术，纳米生物分析技术，生物工程其他学科
	微生物学（18061）	研究微生物生物化学，微生物生理学，微生物遗传学，微生物生态学，微生物免疫学，微生物分类学，真菌学，细菌学，应用与环境微生物学（具体应用入有关学科，原名为应用微生物学），微生物学其他学科
11.食品科学和技术	农产品贮藏与加工（21045）食品科学技术（550）	农产品贮藏与加工，粮油产品贮藏与加工，果蔬贮藏与加工，畜产品贮藏与加工，土特产品贮藏与加工，农副产品综合利用，农产品贮藏与加工其他学科
12.农业工程	农业工程（41650）	研究农业机械学（包括农业机械制造等），农业机械化，农业电气化与自动化，农田水利（包括灌溉工程、排水工程等），水土保持学（包括土壤侵蚀学、水土保持监测、水土保持生态学、水土保持工程、荒漠化防治等），农田测量，农业环保工程，农业区划（含农业土地利用学），农业系统工程，农业工程其他学科
13.分析化学与应用化学	分析化学（15025）应用化学（15055）	研究化学分析（包括定性分析、定量分析等），电化学分析，光谱分析，波谱分析，质谱分析，热化学分析（原名为热谱分析），色谱分析，光度分析，放射分析，状态分析与物相分析，分析化学计量学，分析化学其他学科
14.农业交叉学科	农学其他学科（21099）畜牧、兽医科学其他学科（23099）	研究动物生物物理学，动物生物化学，动物形态学，动物解剖学，动物组织学，动物细胞学，动物生理学，动物生殖生物学（包括动物繁殖学），动物生长发育学（包括动物胚胎学），动物遗传学，动物生态学，动物病理学，动物行为学（含动物驯化学），动物地理学（含昆虫生物地理学），动物分类学，实验动物学，动物寄生虫学，动物病毒学，动物学其他学科

（续表）

本研究选取的领域名称	映射学科	学科描述
15.农业经济和政策学	农业经济学（79059）	研究农业生态经济学，农业生产经济学，土地经济学（包括国土经济学、农业资源经济学等），农业经济史，农业企业经营管理，合作经济，世界农业经济，农业区划，林业经济学，畜牧经济学，水产经济学，种植业经济学，农业经济学其他学科

附录 2 代表性机构名称中外文对照表

国家/地区	机构外文名称	机构中文名称
澳大利亚	Commonwealth Scientific & Industrial Research Organisation (CSIRO)	澳大利亚联邦科学与工业研究组织
巴基斯坦	University of Agriculture Faisalabad	费萨拉巴德农业大学
巴　西	Empresa Brasileira de Pesquisa Agropecuaria (Embrapa)	巴西农牧研究院
巴　西	Universidade de Sao Paulo	圣保罗大学
巴　西	Universidade Estadual Paulista	圣保罗州立大学
巴　西	Universidade Federal de Uberlandia	乌贝兰迪亚联邦大学
巴　西	Universidade Federal de Vicosa	维索萨联邦大学
比利时	Ghent University	根特大学
波　兰	University of Warmia & Mazury	瓦尔米亚－马祖里大学
丹　麦	Novo Nordisk	诺和诺德公司
丹　麦	Aarhus University	奥胡斯大学
德　国	Free University of Berlin	柏林自由大学
德　国	Julich Research Center	尤里希研究中心
德　国	Max Planck Society	马克斯·普朗克科学促进学会
德　国	Karlsruhe Institute of Technology	卡尔斯鲁厄理工学院
德　国	RWTH Aachen University	亚琛工业大学
德　国	Ernst Moritz Arndt Universitat Greifswald	格赖夫斯瓦尔德大学
德　国	University of Gottingen	哥廷根大学
法　国	Centre National de la Recherche Scientifique (CNRS)	法国国家科学研究中心
法　国	UNICANCER	联合癌症中心
法　国	AgroParisTech	巴黎高科农业学院
法　国	Universite Paris Saclay (ComUE)	巴黎萨克雷大学
法　国	Institut National de la Recherche Agronomique (INRA)	法国农业科学院
国际组织	Food & Agriculture Organization of the United Nations (FAO)	联合国粮食及农业组织
国际组织	International Food Policy Research Institute	国际食物政策研究所
韩　国	Chungbuk National University	忠北大学
荷　兰	Wageningen University & Research	瓦赫宁根大学

（续表）

国家/地区	机构外文名称	机构中文名称
加拿大	University of British Columbia	不列颠哥伦比亚大学
	University of Guelph	圭尔夫大学
	Canadian Forest Service	加拿大林务局
	Agriculture & Agri Food Canada	加拿大农业与农业食品部
	Fisheries & Oceans Canada	加拿大渔业与海洋部
挪威	Institute of Marine Research	挪威海洋研究所
	Norwegian University of Life Sciences	挪威生命科学大学
欧洲	European Commission Joint Research Centre	欧盟委员会联合研究中心
	European Molecular Biology Laboratory (EMBL)	欧洲分子生物学实验室
瑞典	Swedish University of Agricultural Sciences	瑞典农业科学大学
瑞士	Swiss Federal Institute for Forest, Snow & Landscape Research	瑞士联邦森林、雪与景观研究所
	University of Zurich	苏黎世大学
西班牙	Consejo Superior de Investigaciones Cientificas (CSIC)	西班牙高等科学研究理事会
	Barcelona Institute of Science & Technology	巴塞罗那科学技术研究院
	Centre de Regulacio Genomica (CRG)	基因组调控中心
	Pompeu Fabra University	庞培法布拉大学
	University of Valencia	瓦伦西亚大学
印度	Council of Scientific & Industrial Research (CSIR)	印度科学与工业研究理事会
	Indian Institute of Technology (IIT)	印度理工学院
	Indian Council for Agricultural Research (ICAR)	印度农业研究理事会
英国	University of Edinburgh	爱丁堡大学
	University of London	伦敦大学
	Wellcome Trust Sanger Institute	桑格研究院
	Kings College London	伦敦国王学院
	AstraZeneca	阿斯利康制药有限公司
	BBSRC Roslin Institute	罗斯林研究所
中国	Peking University	北京大学
	Beijing Forestry University	北京林业大学
	Beijing Normal University	北京师范大学
	Dalian University of Technology	大连理工大学
	University of Electronic Science & Technology of China	电子科技大学

附录 2　代表性机构名称中外文对照表

（续表）

国家/地区	机构外文名称	机构中文名称
中　国	Northeast Forestry University	东北林业大学
	Northeast Agricultural University	东北农业大学
	Guangxi University	广西大学
	Harbin Institute of Technology	哈尔滨工业大学
	Ocean University of China	中国海洋大学
	Hebei Agricultural University	河北农业大学
	South China University of Technology	华南理工大学
	South China Agricultural University	华南农业大学
	Huazhong Agricultural University	华中农业大学
	Jiangnan University	江南大学
	Jiangsu Academy of Agricultural Sciences	江苏省农业科学院
	Jiangsu Normal University	江苏师范大学
	Jiangxi Agricultural University	江西农业大学
	Chinese Academy of Sciences	中国科学院
	Chinese Academy of Forestry	中国林业科学院
	Nanchang University	南昌大学
	Nanjing Agricultural University	南京农业大学
	Inner Mongolia Agricultural University	内蒙古农业大学
	China Agricultural University	中国农业大学
	Chinese Academy of Agricultural Sciences	中国农业科学院
	China Meteorological Administration	中国气象局
	Tsinghua University	清华大学
	Renmin University of China	中国人民大学
	Shandong University	山东大学
	Shandong Agricultural University	山东农业大学
	Shanghai Ocean University	上海海洋大学
	Shanghai Jiao Tong University	上海交通大学
	Chinese Academy of Fishery Sciences	中国水产科学研究院
	Sichuan Agricultural University	四川农业大学
	Suzhou University	苏州大学
	Tongji University	同济大学
	Northwest A&F University	西北农林科技大学

（续表）

国家/地区	机构外文名称	机构中文名称
中　国	Yangzhou University	扬州大学
	Zhejiang University	浙江大学
	Sun Yat Sen University	中山大学
	Central University of Finance & Economics	中央财经大学
	University of Hong Kong	香港大学
	Macau University of Science & Technology	澳门科技大学
	National Taiwan University	台湾大学
	China Medical University Taiwan	台湾医科大学
	National Chung Hsing University	台湾中兴大学
美　国	Iowa State University	艾奥瓦州立大学
	Dana-Farber Cancer Institute	丹娜法伯癌症研究院
	Howard Hughes Medical Institute	霍华德·休斯医学研究所
	Broad Institute	博德研究所
	VA Boston Healthcare System	波士顿医疗保健系统
	Massachusetts Institute of Technology (MIT)	麻省理工学院
	Oregon Health & Science University	俄勒冈健康与科学大学
	University of Minnesota System	明尼苏达大学
	Texas A&M University System	得克萨斯 A&M 大学
	Johns Hopkins University	约翰·霍普金斯大学
	Stanford University	斯坦福大学
	Boston University	波士顿大学
	University of Southern California	南加利福尼亚大学
	Memorial Sloan Kettering Cancer Center	纪念斯隆–凯特琳癌症中心
	National Institutes of Health (NIH) - USA	美国国立卫生研究院
	North Carolina State University	北卡罗来纳州立大学
	United States Geological Survey	美国地质调查局
	Oregon University System	俄勒冈大学
	Oregon State University	俄勒冈州立大学
	State University System of Florida	佛罗里达州立大学
	National Oceanic Atmospheric Administration (NOAA)	美国国家海洋与大气管理局
	Harvard University	哈佛大学
	University of Washington	华盛顿大学

附录 2　代表性机构名称中外文对照表

（续表）

国家 / 地区	机构外文名称	机构中文名称
美　国	University of California System	加利福尼亚大学
	Cornell University	康奈尔大学
	Colorado State University	科罗拉多州立大学
	University of Massachusetts System	马萨诸塞大学
	Michigan State University	密歇根州立大学
	United States Department of Energy	美国能源部
	United States Department of Agriculture (USDA)	美国农业部
	Purdue University	普渡大学
	United States Forest Service	美国森林管理局
	University of Wisconsin System	威斯康星大学
	University of Illinois System	伊利诺伊大学
	University System of Georgia	佐治亚大学

附录3　全球重要专利权人专利申请量

国家	排名	机构名称（中文）	机构名称（英文）	专利数量（件）
中国	2	中国科学院	Chinese Academy of Sciences	3630
	4	中国农业科学院	Chinese Academy of Agricultural Sciences	2832
	15	江南大学	Jiangnan University	1183
	19	浙江大学	Zhejiang University	1045
	21	广西大学	Guangxi University	995
	24	中国农业大学	China Agricultural University	854
	26	中国水产科学研究院	Chinese Academy of Fishery Sciences	833
	35	山东三维石化工程股份有限公司	Shandong Sunway Petrochemical Engineering Share Co,Ltd	666
	36	华南农业大学	South China Agricultural University	656
	37	江苏农业科学院	Jiangsu Academy of Agricultural Science	655
	40	华中农业大学	Huazhong Agricultural University	619
	41	南京农业大学	Nanjing Agricultural University	615
	43	上海交通大学	Shanghai Jiaotong University	601
	46	四川农业大学	Sichuan Agriculture University	585
	48	贵州大学	Guizhou University	563
	49	福建农林大学	Fujian Agriculture & Forestry University	523
英国	31	葛兰素史克公司	GlaxoSmithKline	782
瑞士	3	罗氏控股公司	Roche Holding Ltd.	3156
	10	诺华公司	Novartis AG	1617
	11	先正达公司	Syngenta	1433
	45	NESTEC 有限公司	Nestec Ltd.	598
日本	25	住友化学株式会社	Sumitomo Chemical Company Limited	836
美国	1	陶氏杜邦公司	DowDuPont Inc	4772
	7	加利福尼亚大学	University of California	1987
	8	孟山都公司	Monsanto Company	1685
	9	CNH 全球有限公司	CNH Industrial N.V.	1632
	14	迪尔公司	Deere & Company	1320
	16	哈佛大学	Harvard University	1116

附录3　全球重要专利权人专利申请量

（续表）

国　家	排　名	机构名称（中文）	机构名称（英文）	专利数量（件）
美　国	18	雷杰纳荣制药公司	Regeneron Pharmaceuticals, Inc.	1051
	20	美国卫生与公众服务部	US Department of Health & Human Services	1022
	22	得克萨斯大学	The University of Texas System	971
	23	艾伯维公司	AbbVie Inc.	906
	27	麻省理工学院	Massachusetts Institute of Technology	831
	29	斯坦福大学	Stanford University	809
	30	宾夕法尼亚大学	University of Pennsylvania	792
	32	赛默飞世尔科技公司	Thermo Fisher Scientific	769
	34	安进公司	Amgen,Inc.	690
	38	辉瑞公司	Pfizer Inc.	650
	39	约翰·霍普金斯大学	The Johns Hopkins University	650
	42	默克公司	Merck & Co., Inc.	614
	44	华盛顿大学	University of Washington	599
	47	百时美施贵宝公司	Bristol Myers Squibb Co.	567
荷　兰	28	皇家帝斯曼集团	Koninklijke DSM NV	819
法　国	13	法国国家科学研究中心	The National Center for Scientific Research	1334
	17	法国国家健康与医学研究院	French Institute of Health and Medical Research	1064
	33	赛诺菲公司	Sanofi SA	698
德　国	5	拜耳公司	Bayer AG	2603
	6	巴斯夫公司	BASF SE	2286
	50	德国克拉斯农机公司	Claas KGaA mbH	517
丹　麦	12	诺维信公司	Novozymes A/S	1365